21 世纪全国高职高专土建物管类规划教材

建筑工程施工项目管理

国向云　主　编

郭亚兵　副主编

内 容 提 要

本书共11章,内容包括:建筑工程施工项目管理概论、施工项目管理规划、施工项目合同管理、施工项目经理和项目经理部、施工项目进度管理、施工项目质量管理、施工项目成本管理、施工项目生产要素管理、施工项目安全管理、施工项目现场管理、施工项目信息管理。

本书内容丰富,文字简练,图文并茂,具有较强的规范性、针对性和实用性。

本书可作为高职高专院校土木工程专业和工程项目管理专业的教材,也可作为建筑施工企业等相关单位工程技术人员的参考用书。

图书在版编目(CIP)数据

建筑工程施工项目管理/国向云主编. —北京:北京大学出版社,2009.1
(21世纪全国高职高专土建物管类规划教材)
ISBN 978-7-301-14787-0

Ⅰ.①建… Ⅱ.①国… Ⅲ. 建筑工程—项目管理—高等学校:技术学校—教材 Ⅳ.TU71

中国版本图书馆CIP数据核字(2008)第196728号

书 名:	建筑工程施工项目管理
著作责任者:	国向云 主编
责 任 编 辑:	桂 春
标 准 书 号:	ISBN 978-7-301-14787-0/TU·0063
出 版 发 行:	北京大学出版社
地 址:	北京市海淀区成府路205号 100871
网 址:	http://www.pup.cn 新浪官方微博:@北京大学出版社
电 子 信 箱:	zyjy@pup.cn
电 话:	邮购部 62752015 发行部 62750672 编辑部 62765126 出版部 62754962
印 刷 者:	三河市博文印刷有限公司
经 销 者:	新华书店
	787毫米×980毫米 16开本 12.75印张 270千字
	2009年1月第1版 2016年6月第5次印刷
定 价:	24.00元

未经许可,不得以任何方式复制或抄袭本书之部分或全部内容。
版权所有,侵权必究
举报电话:010-62752024 电子信箱:fd@pup.pku.edu.cn

前　　言

　　项目经理在建筑工程施工项目管理中起着举足轻重的作用，项目经理队伍的相关人员需要掌握与本岗位相一致的管理理论并能够灵活应用。然而目前施工项目管理的相关书籍较少，而且随着社会的进步，有关施工项目管理的新规定、新理论在相关书籍中未能及时得到更新。

　　为满足高职高专培养面向生产一线应用型人才的需要，达到培养高素质的项目管理队伍的目的，笔者编写了此书。本书结构清晰，知识结构系统性强，通过大量的图表突出知识的应用性和可操作性，同时书中包括了最新的管理理论。此书可作为建筑工程技术、建筑装饰等相关专业在校生的教材，也可作为建造师、监理工程师、造价工程师等相关技术人员的参考书。

　　本书由南通职业大学国向云担任主编，并编写了第1、2、3、4、5、6、7章；南通供电公司郭亚兵担任副主编，并编写了8、9、10、11章，全书由国向云统稿。

　　本书根据作者多年的教学经验和实践经验总结、归纳而成。在编写过程中得到了南通职业大学徐广舒老师、陆俊老师的大力支持，在此表示衷心感谢。同时还广泛参阅了相关的文献资料，其中大部分已在书末列出，在此谨对原作者表示感谢。

　　由于作者水平有限，本书虽经反复修改，难免存在疏漏和不妥之处，恳请读者批评指正，对此编者不胜感激。

编　者

2008 年 11 月

目　　录

第1章　建筑工程施工项目管理概论 1
1.1　建筑工程施工项目管理概述 1
1.1.1　建筑工程项目基本概念 1
1.1.2　建筑工程施工项目的系统构成 2
1.1.3　建筑工程施工项目管理 4
1.1.4　建筑工程建设程序和项目管理的关系 5
1.2　建筑工程施工项目管理内容及程序 6
1.2.1　建筑工程施工项目管理的内容 6
1.2.2　建筑工程施工项目管理程序 7
1.3　思考题 12

第2章　建筑工程施工项目管理规划 13
2.1　建筑工程施工项目管理规划概述 13
2.1.1　施工项目管理规划作用 13
2.1.2　工程项目管理规划种类 13
2.2　建筑工程施工项目管理规划的编制要求 14
2.2.1　编制要求 14
2.2.2　编制依据 14
2.3　建筑工程施工项目管理规划的内容 14
2.3.1　施工项目管理规划大纲的内容 14
2.3.2　施工项目管理实施规划的内容 15
2.3.3　施工项目管理实施规划的管理 17
2.4　建筑工程施工项目管理规划编制 17
2.4.1　工程概况 17
2.4.2　施工部署 18
2.5　思考题 21

第3章　建筑工程施工项目合同管理 22
3.1　建筑工程施工项目投标基本知识 22
3.1.1　招投标基本概念 22
3.1.2　施工项目投标基本条件 22

####### 3.1.3 投标基本程序 ... 23
####### 3.1.4 施工项目投标文件组成 ... 25
####### 3.1.5 建筑工程施工项目投标技巧 ... 29
3.2 建筑工程施工项目合同管理 ... 30
####### 3.2.1 施工合同订立 ... 31
####### 3.2.2 建筑工程施工合同交底 ... 32
####### 3.2.3 建筑工程施工合同履行原则 ... 32
####### 3.2.4 施工合同履行中施工单位的主要任务 ... 33
####### 3.2.5 建筑工程施工合同担保 ... 34
####### 3.2.6 建筑工程施工合同变更 ... 34
####### 3.2.7 建筑工程施工索赔管理 ... 35
####### 3.2.8 建筑工程施工合同终止和评价 ... 36
3.3 思考题 ... 42
第4章 施工项目经理和项目经理部 ... 43
4.1 建筑工程施工项目经理 ... 43
####### 4.1.1 我国施工项目经理岗位的沿革 ... 43
####### 4.1.2 项目经理和建造师的关系 ... 44
####### 4.1.3 项目经理的地位 ... 45
####### 4.1.4 项目经理的选择 ... 45
####### 4.1.5 项目经理的责、权、利 ... 46
####### 4.1.6 建筑企业的资质等级及承包范围 ... 47
####### 4.1.7 建筑工程施工项目规模等级划分 ... 48
####### 4.1.8 项目经理的岗位职业能力评价等级及项目管理范围 ... 48
####### 4.1.9 项目经理的行业管理 ... 50
4.2 建筑工程施工项目管理目标责任书 ... 50
####### 4.2.1 《项目管理目标责任书》的含义 ... 50
####### 4.2.2 《项目管理目标责任书》的内容 ... 50
4.3 项目经理部 ... 51
####### 4.3.1 项目经理部的作用 ... 51
####### 4.3.2 项目经理部的设立步骤 ... 51
####### 4.3.3 项目经理部的形式 ... 52
####### 4.3.4 项目经理部的设置 ... 54
####### 4.3.5 项目经理部的规模 ... 55
####### 4.3.6 项目经理部的管理制度 ... 56
####### 4.3.7 项目经理部的解体 ... 56

- 4.4 思考题 ... 70
- 第5章 建筑工程施工项目进度管理 ... 71
  - 5.1 流水施工原理 ... 71
    - 5.1.1 流水施工原理 ... 71
    - 5.1.2 流水作业的分类 ... 73
    - 5.1.3 流水施工参数 ... 73
    - 5.1.4 流水施工的表达方式 ... 75
  - 5.2 网络计划技术 ... 76
    - 5.2.1 网络计划技术 ... 76
    - 5.2.2 网络计划绘制 ... 77
    - 5.2.3 网络计划时间参数的概念 ... 77
  - 5.3 工程项目进度管理 ... 78
    - 5.3.1 施工项目进度计划的种类及内容 ... 80
    - 5.3.2 施工进度计划的编制 ... 80
    - 5.3.3 开工申请报告 ... 83
    - 5.3.4 施工进度计划的实施 ... 83
    - 5.3.5 施工进度计划的检查 ... 84
    - 5.3.6 施工进度计划的检查方法 ... 85
    - 5.3.7 施工进度计划检查结果的处理 ... 88
  - 5.4 思考题 ... 88
- 第6章 建筑工程施工项目质量管理 ... 89
  - 6.1 质量管理概述 ... 89
    - 6.1.1 基本概念 ... 89
    - 6.1.2 工程项目质量控制的特点 ... 89
    - 6.1.3 工程项目质量控制的基本原则 ... 90
    - 6.1.4 工程施工项目质量控制的原理 ... 90
    - 6.1.5 施工单位的质量责任和义务 ... 92
  - 6.2 工程施工项目质量计划 ... 93
    - 6.2.1 基本概念 ... 93
    - 6.2.2 施工项目质量计划的编制内容 ... 93
    - 6.2.3 施工项目质量计划的编制要求 ... 94
  - 6.3 工程施工项目质量控制 ... 94
    - 6.3.1 工程项目施工质量控制的内容 ... 94
    - 6.3.2 施工项目质量控制程序 ... 94
    - 6.3.3 施工准备阶段的质量控制 ... 96

6.3.4 施工过程中的质量控制 99
6.3.5 施工作业结果验收的质量控制 100
6.3.6 施工项目质量控制的方法 104
6.4 工程项目的质量统计分析方法 105
6.4.1 分层法 106
6.4.2 因果分析图法 106
6.4.3 排列图法 107
6.4.4 直方图法 108
6.5 建筑工程施工项目的质量验收 109
6.5.1 建筑工程施工项目质量验收的依据 109
6.5.2 工程项目质量验收的划分 110
6.5.3 施工项目质量验收的程序及组织 110
6.5.4 检验批的质量验收 113
6.5.5 分项工程的质量验收 116
6.5.6 分部工程的质量验收 117
6.5.7 单位工程的质量验收 120
6.5.8 建筑工程质量不符合要求时的处理 127
6.5.9 建筑工程施工项目质量保修 127
6.6 工程项目质量事故的处理 127
6.6.1 工程项目质量事故的分类 127
6.6.2 工程项目质量事故的处理 128
6.6.3 质量问题不作处理的论证 129
6.7 实践环节 130
6.7.1 某工地施工质量保证措施 130
6.7.2 钢筋安装检验批的质量验收记录 131
6.8 思考题 135

第7章 建筑工程施工项目成本管理 136
7.1 建筑安装工程费用组成 136
7.1.1 直接费 137
7.1.2 间接费 138
7.2 建筑安装工程费计价程序 139
7.2.1 工料单价法计价程序 140
7.2.2 综合单价法计价程序 141
7.3 建筑工程施工项目成本管理的主要任务及内容 142
7.3.1 施工成本管理的主要任务 142

7.3.2 施工成本管理的主要内容 146
7.4 建筑工程施工项目成本控制和分析的方法 148
  7.4.1 施工成本控制方法 148
  7.4.2 施工成本分析方法 150
7.5 建筑工程施工项目成本影响因素及控制措施 152
  7.5.1 施工项目成本影响因素 152
  7.5.2 施工项目成本控制措施 153
7.6 思考题 154

第8章 建筑工程施工项目生产要素管理 155
8.1 生产要素管理概述 155
8.2 建筑工程施工项目人力资源管理 155
  8.2.1 施工项目人力资源管理体制 155
  8.2.2 人力资源管理的工作步骤 157
8.3 建筑工程施工项目材料管理 157
  8.3.1 施工项目材料采购 157
  8.3.2 施工材料现场验收 158
  8.3.3 施工材料现场使用 159
  8.3.4 施工材料的管理 159
  8.3.5 施工材料的发放和领用 159
8.4 建筑工程施工项目机械管理 160
  8.4.1 施工项目机械的来源 160
  8.4.2 施工机械设备的选择 160
  8.4.3 施工机械设备的使用 161
8.5 建筑工程施工项目技术管理 161
  8.5.1 施工项目技术管理制度 161
  8.5.2 施工项目技术负责人的职责 162
  8.5.3 施工项目经理部的技术工作 162
8.6 思考题 163

第9章 建筑工程施工项目安全管理 164
9.1 建筑工程施工项目安全管理概述 164
  9.1.1 安全管理基本概念 164
  9.1.2 安全控制基本程序 164
9.2 建筑工程施工项目安全管理制度 165
  9.2.1 安全生产责任制度 165
  9.2.2 安全生产教育制度 165

9.2.3　安全生产检查制度 166
　　　9.2.4　伤亡事故及职业病统计报告和处理制度 168
　9.3　施工单位的安全责任 170
　9.4　实践环节：安全管理案例 171
　9.5　思考题 174

第10章　建筑工程施工项目现场管理 175
　10.1　建筑工程施工项目现场管理概论 175
　　　10.1.1　施工项目现场管理的基本概念 175
　　　10.1.2　施工现场管理体系 175
　　　10.1.3　现场管理的一般规定 176
　　　10.1.4　现场管理的场容管理 179
　10.2　建筑工程施工项目现场的环境保护 179
　10.3　建筑工程施工项目现场的防火保安 180
　10.4　思考题 185

第11章　建筑工程施工项目信息管理 186
　11.1　建筑工程施工项目信息管理概述 186
　　　11.1.1　信息管理基本概念 186
　　　11.1.2　施工项目信息流程的组成 186
　　　11.1.3　施工项目经理部应该收集的信息 187
　　　11.1.4　施工项目信息管理基本环节 188
　11.2　建筑工程施工项目信息化管理系统 191
　　　11.2.1　施工项目信息化管理系统构成 191
　　　11.2.2　项目管理信息系统的应用模式 191
　　　11.2.3　建筑工程施工项目信息处理的方法 192
　11.3　思考题 193

主要参考文献 194

第1章 建筑工程施工项目管理概论

1.1 建筑工程施工项目管理概述

1.1.1 建筑工程项目基本概念

项目是由一组有起止时间的、相互协调的受控活动组成的特定过程，该过程要达到符合规定要求的目标，约束条件包括时间、成本和资源。项目的类型较多，如：科研项目、社会项目、建设工程项目等。

项目一般具有以下三个特征：

（1）项目的特定性。又称为项目的单件性或一次性，是项目最主要的特征。每个项目是唯一的，不可能批量生产，因此要针对每个项目采取切实有效的管理措施。

（2）项目有明确的目标和一定的约束条件。项目的目标包括成果目标和约束性目标。成果目标包括设计规定的生产产品的规格、型号等项目功能要求；约束性目标包括工期、投资等限制条件。约束条件一般包括限定的时间、限定的资源和限定的质量标准。

（3）项目具有特定的生命周期。施工项目的生命周期从编制项目管理规划大纲开始至保修期结束为止。

建筑工程项目是指为新建、改建、扩建房屋建筑物和附属构筑物、设施所进行的规划、勘察、设计、采购、施工、竣工验收和移交等过程。

建筑工程项目可以从不同的角度进行分类，见表1-1。

表1-1 建筑工程项目的分类

分类方法	类别
按行业构成	生产性项目（包括建筑业、商业、交通运输等项目）
	非生产性项目（教育、卫生、体育等项目）
按照建设性质	新建
	改建
	扩建
	恢复
	迁建

（续表）

分类方法	类别		
按照建设规模	基本建设项目	大型	生产性建设项目能源、交通、原材料投资额 5000 万以上，其他部门 3000 万以上
		中型	非生产性项目 3000 万以上为大中型项目，否则为小型项目
		小型	
	技术改造项目	限额以上	投资额 5000 万元以上
		限额以下	投资额不足 5000 万元

施工项目是施工企业对建筑产品的施工过程及成果，也就是建筑施工企业的生产对象。施工项目具有三个特征：

（1）施工项目是建设项目或其中的单项工程或单位工程的施工任务。

（2）施工项目是以建筑施工企业为主体的管理整体。

（3）施工项目的范围是由承包合同界定的。

1.1.2 建筑工程施工项目的系统构成

建筑工程施工项目可以分为单项工程、单位（子单位）工程、分部（子分部）工程、分项工程，具体系统构成见图 1-1。

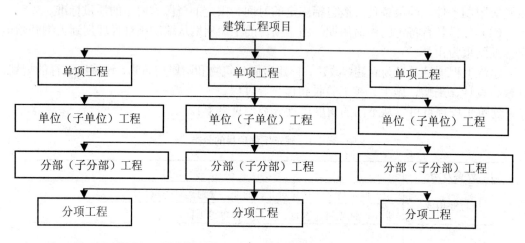

图 1-1 建设项目的系统构成

单项工程是指具有独立建设文件的，建成后可以独立发挥生产能力或效益的一组配套齐全的工程项目。一个工程项目有时包括多个单项工程，有时仅有一个单项工程，单项工程一般单独组织施工和竣工验收。

单位工程是指具有独立的设计文件,可以独立施工但是建成后不能独立发挥生产能力或效益的工程。单位工程通常只有一个单体建筑物或构筑物。建筑规模较大的单位工程,可将其能形成独立使用功能的部分作为一个子单位工程。

分部工程是单位工程的组成部分,应按专业性质、建筑部位进行划分。建筑工程可以划分成地基与基础工程、主体结构工程、装饰装修工程、屋面工程、给排水及采暖工程、电气工程、智能建筑工程、通风与空调工程和电梯工程九个分部工程。当分部工程较大或较复杂时,可按材料种类、施工特点、施工程序、专业系统及类别等划分为若干子分部工程。分部工程示意图见图1-2。

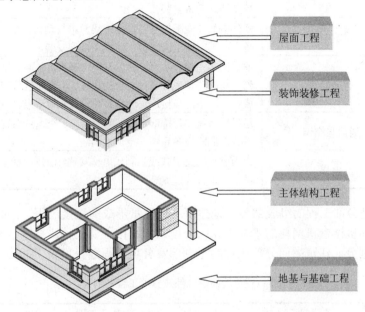

图1-2 分部工程示意图

分部工程可以分成子分部工程,具体分类见表1-2。

表1-2 子分部工程划分表

序号	分部工程名称	子分部工程
1	地基与基础	无支护土方、有支护土方、地基处理、桩基、地下防水、混凝土基础、砌体基础、劲钢(管)混凝土、钢结构
2	主体结构	混凝土结构、劲钢(管)混凝土结构、砌体结构、钢结构、木结构、网架和索膜结构
3	建筑装饰装修	地面、抹灰、门窗、吊顶、轻质隔墙、饰面板(砖)、幕墙、涂饰、裱糊与软包、细部

（续表）

分部工程 序号	分部工程 名称	子分部工程
4	建筑屋面	卷材防水屋面、涂膜防水屋面、刚性防水屋面、瓦屋面、隔热屋面
5	建筑给水、排水及采暖	室内给水系统、室内排水系统、室内热水供应系统、卫生器具安装、室内采暖系统、室外给水管网、室外排水管网、室外排水管网、室外供热管网、建筑中水系统及游泳池系统、供热锅炉及辅助设备安装
6	建筑电气	室外电气、变配电室、供电干线、电气动力、电气照明安装、备用和不间断电源安装、防雷及接地安装
7	智能建筑	通信网络系统、办公自动化系统、建筑设备监控系统、火灾报警及消防联动系统、安全防范系统、综合布线系统、智能化集成系统、电源与接地、环境、住宅（小区）智能化系统、
8	通风与空调	送排风系统、防排烟系统、除尘系统、空调风系统、净化空调系统、制冷设备系统、空调水系统
9	电梯	电力驱动的曳引式或强制式电梯安装、液压电梯安装、自动扶梯、自动人行道安装

分项工程是分部工程的组成部分，是建筑工程质量形成的直接过程，同时也是计量工程用工、用料和机械台班消耗的基本单元。分项工程应按主要工种、材料、施工工艺、设备类别等进行划分。建筑屋面分部工程的子分部及分项工程划分见表1-3。

表1-3 建筑屋面子分部及分项工程的划分

分部工程	子分部工程	分项工程
建筑屋面	卷材防水屋面	保温层，找平层，卷材防水层，细部构造
	涂膜防水屋面	保温层，找平层，涂膜防水层，细部构造
	刚性防水屋面	细石混凝土防水层，密封材料嵌缝，细部构造
	瓦屋面	平瓦屋面，油毡瓦屋面，金属板屋面，细部构造
	隔热屋面	架空屋面，蓄水屋面，种植屋面

注：建筑工程的分部（子分部）工程、分项工程工程划分详见《建筑工程施工质量验收统一标准》（GB50300-2001）附录。

1.1.3 建筑工程施工项目管理

建筑工程项目管理的内涵是：自项目开始至项目完成，通过项目策划和项目控制，以使项目的费用目标、进度目标和质量目标得以实现。按照管理主体可以分为建设项目管理、设计项目管理、施工项目管理和监理项目管理等。

建筑工程施工项目是指施工企业自工程施工投标开始到保修期满为止的全过程中完成的项目。建筑工程施工项目管理是指施工企业运用系统的观点、理论和科学技术对施工项目进行的计划、组织、监督、控制、协调等全过程管理。施工项目的管理主体是施工企业，与建设项目管理的区别见表1-4。

表1-4 建筑工程施工项目管理与建筑工程项目管理的区别

区别特征	建筑工程施工项目管理	建筑工程项目管理
管理主体	施工企业，以施工活动承包者的身份出现	建设单位，以工程活动投资者和建筑产品购买者身份出现
管理目标	效率性目标：以利润、施工成本、施工工期及一定限度的质量管理为目标	成果性目标：以投资额、产品质量、建设工期的管理为目标
管理客体	一次性的施工任务	一次性的建设任务
管理方式管理手段	利用各种有效的手段完成施工任务，是直接和具体的	选择投资项目和控制投资费用，其对设计、施工活动的控制是间接的
管理范围	从施工投标意向开始至施工任务交工终结过程的各个方面施工活动	一个项目从投资意向书开始到投资回收全过程各个方面施工活动
管理内容	涉及从投标开始至交工为止的全部生产组织管理和维修	涉及投资周转和建设全过程的管理
涉及环境和关系	对参与施工活动的各个主体进行监督、控制、协调等管理工作，包括施工分包单位、建材供应单位等。	对参与建设活动的各个主体进行监督、控制、协调等管理工作，包括设计单位、施工企业、建材及资金供应单位

1.1.4 建筑工程建设程序和项目管理的关系

建设程序是指建设项目从分析论证、决策立项、勘察设计、招标投标、竣工验收、交付使用所经历的整个过程中，各项工作必须遵循先后次序的法则。在整个建设程序中项目管理自始至终贯穿其间。狭义的建设工程项目管理（PM）一般仅指实施阶段，广义的建筑工程项目管理（LCM）是指全寿命周期的管理。施工项目管理是从招投标阶段开始至保修期结束。建设单位的项目管理应该是广义的项目管理过程。建设程序和项目管理的关系见图1-3。

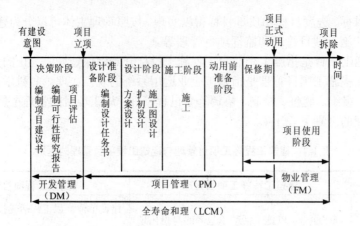

图 1-3 建设程序和项目管理的关系图

1.2 建筑工程施工项目管理内容及程序

1.2.1 建筑工程施工项目管理的内容

建筑企业实施项目管理后，相应的层次划分规定为两层：第一层是企业管理层；第二层是项目管理层。企业管理层是指企业本部机关，人员包括企业的领导、各职能部门的主管人员和一般管理人员。项目管理层是指项目经理部，它是在企业的支持下组建并领导、进行项目管理的组织机构。项目经理部是企业的下属层次，项目经理是该层次的领导人员，项目经理部设立职能部门。

项目经理部的管理内容应在企业法定代表人向项目经理下达的《项目管理目标责任书》中确定，并由项目经理组织实施。在项目管理期间，由发包人或其委托的监理工程师或企业管理层按规定程序提出的、以施工指令下达的工程变更导致的额外施工任务或工作，均应列入项目管理范围。

施工项目管理的内容应包括：
(1) 编制《项目管理规划大纲》和《项目管理实施规划》；
(2) 项目进度控制；
(3) 项目质量控制；
(4) 项目安全控制；
(5) 项目成本控制；
(6) 项目人力资源管理；
(7) 项目材料管理；

（8）项目机械设备管理；
（9）项目技术管理；
（10）项目资金管理；
（11）项目合同管理；
（12）项目信息管理；
（13）项目现场管理；
（14）项目组织协调；
（15）项目竣工验收；
（16）项目考核评价；
（17）项目回访保修。

1.2.2 建筑工程施工项目管理程序

施工项目的管理程序是项目建设程序中的一个过程，是施工单位从投标以后至竣工验收阶段的一段时间参与对项目的管理。施工项目管理程序详见图1-4。

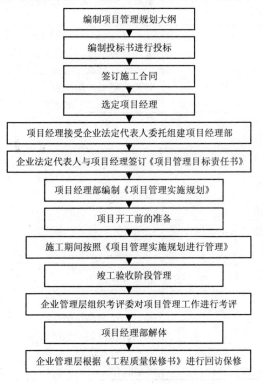

图1-4 施工项目管理程序

由图 1-4 可知：企业管理层和项目管理层均应参与施工项目的管理。企业管理层的项目管理从编制《项目管理规划大纲》开始至保修期结束；项目管理层的管理从项目经理组建项目经理部开始至项目经理部解体结束。

附件　建筑工程分部工程、分项工程划分

序号	分部工程	子分部工程	分项工程
1	地基与基础	无支护土方	土方开挖、土方回填
		有支护土方	排桩、降水、排水、地下连续墙、锚杆、土钉墙、水泥土桩、沉井与沉箱、钢及混凝土支撑
		地基处理	灰土地基、砂和砂石地基、碎砖三合土地基、土工合成材料地基、粉煤灰地基、重锤夯实地基、强夯地基、地基、砂桩地基、预压地基、高压喷射注浆地基、土和灰土挤密桩地基、注浆地基、水泥粉煤灰碎石桩地基、夯实水泥土桩地基
		桩基	锚杆静压桩及静力压桩、预应力离心管桩、钢筋混凝土预制桩、钢桩、混凝土灌注桩（成孔、钢筋笼、清孔、水下混凝土灌注）
		地下防水	防水混凝土，水泥砂浆防水层，卷材防水层，涂料防水层，金属板防水层，塑料板防水层，涂料防水层，塑料板防水层，细部构造，喷锚支护，利税合式衬砌，地下连续墙，盾构法隧道；渗排水、盲沟排水，遂道、坑道排水；预注浆、后注浆，衬砌裂缝注浆
		混凝土基础	模板、钢筋、混凝土，后浇带混凝土，混凝土结构缝处理
		砌体基础	砖砌体，混凝土砌块砌体，配筋砌体，石砌体
		劲钢（管）混凝土	劲钢（管）焊接，劲钢（管）与钢筋的连接，混凝土
		钢结构	焊接钢结构、栓接钢结构，钢结构制作，钢结构安装，钢结构涂装
2	主体结构	混凝土结构	模板、钢筋、混凝土，预应力、现浇结构，装配式结构
		劲钢（管）混凝土结构	劲钢（管）焊接，螺栓连接，劲钢（管）与钢筋的连接，劲钢（管）制作、安装，混凝土
		砌体结构	砖砌体，混凝土小型空心砌块砌体，石砌体，填充墙砌体，配筋砖砌体
		钢结构	钢结构焊接，坚固件连接，钢零部件加工，单层钢结构安装，多层及高层钢结构安装，钢结构涂装，钢构件组装，钢构件预拼装，钢网架结构安装，压型金属板
		木结构	方木和原木结构，胶合木结构，轻型木结构，木构件防护
		网架和索膜结构	网架制作，网架安装，索膜安装，网架防火，防腐涂料

（续表）

序号	分部工程	子分部工程	分项工程
3	建筑装饰装修	地面	整体面层：基层，水泥混凝土面层，水泥砂浆面层，水磨砂浆面层，水磨石面层，防油渗面层，水泥钢（铁）屑面层，不发火（防爆的）面层；板块面层：基层，砖面层（陶瓷锦砖、缸砖、陶瓷地砖和水泥花砖面层），大理石面层和花岗岩面层，预制板块面层（预制水泥混凝土、水磨石板块面层），料石面层（条石、块石面层），塑料板面层，活动地板面层，地毯面层），木竹面层：基层、实木地板面层（条材、块材面层），实木复合地板面层（条材、块材面层），中密度（强化）复合地板面层（条材面层），竹地板面层
		抹灰	一般抹灰，装饰抹灰，清水砌体勾缝
		门窗	木门窗制作与安装，金属门窗安装，塑料门窗安装，特种门安装，门窗玻璃安装
		吊顶	暗龙骨吊顶，明龙骨吊顶
		轻质隔墙	板材隔墙，骨架隔墙，活动隔墙，玻璃隔墙
		饰面板（砖）	饰面板安装，饰面砖粘贴
		幕墙	玻璃幕墙，金属幕墙，石材幕墙
		涂饰	水性涂料涂饰，溶剂型涂料涂饰，美术涂饰
		裱糊与软包	裱糊、软包
		细部	橱柜制作与安装，窗帘盒、窗台板和暖气罩制作与安装，门窗套制作与安装，护栏和扶手制作与安装，花饰制作与安装
4	建筑屋面	卷材防水屋面	保温层，找平层，卷材防水层，细部构造
		涂膜防水屋面	保温层，找平层，涂膜防水层，细部构造
		刚性防水屋面	细石混凝土防水层，密封材料嵌缝，细部构造
		瓦屋面	平瓦屋面，油毡瓦屋面，金属板屋面，细部构造
		隔热屋面	架空屋面，蓄水屋面，种植屋面
5	建筑给水、排水及采暖	室内给水系统	给水管道及配件安装，室内消火栓系统安装，给水设备安装，管道防腐，绝热
		室内排水系统	排水管道及配件安装，雨水管道及配件安装
		室内热水供应系统	管道及配件安装，辅助设备安装，防腐，绝热
		卫生器具安装	卫生器具安装，卫生器具给水配件安装，卫生器具排水管道安装
		室内采暖系统	管道及配件安装，辅助设备及散热器安装，金属辐射板安装，低温热水地板辐射采暖系统安装，系统水压试验及调试，防腐，绝热
		室外给水管网	给水管道安装，消防水泵接水器及室外消火栓安装，管沟及井室
		室外排水管网	排水管道安装，排水管沟与井池
		室外供热管网	管道及配件安装，系统水压试验及调试，防腐，绝热

（续表）

序号	分部工程	子分部工程	分 项 工 程
5	建筑给水、排水及采暖	建筑中水系统及游泳池系统	建筑中水系统管道及辅助设备安装，游泳池水系统安装
		供热锅炉及辅助设备安装	锅炉安装，辅助设备及管道安装，安全附件安装，烘炉、煮炉和试运行，换热站安装，防腐，绝热
6	建筑电气	室外电气	架空线路及杆上电气设备安装，变压器、箱式变电所安装，成套配电柜、控制柜（屏、台）和动力、照明配电箱（盘）及控制柜安装，电线、电缆导管和线槽敷设，电线、电缆穿管和线槽敷设，电缆头制作、导线连接和线路电气试验，建筑物外部装饰灯具、航空障碍标志灯和庭院路灯安装，建筑照明通电试运行，接地装置安装
		变配电室	变压器、箱式变电所安装，成套配电柜、控制柜（屏、台）和动力、照明配电箱（盘）及控制柜安装，裸母线、封闭母线、插接式母线安装，电缆沟内和电缆竖井内电缆敷设，电缆头制作、导线连接和线路电气试验，接地装置安装，避雷引下线和变配电室接地干线敷设
		供电干线	裸母线、封闭母线、插接式母线安装，桥架安装和桥架内电缆敷设，电缆沟内和电缆竖井电缆敷设，电线、电缆导管和线槽敷设，电线、电缆穿管和线槽敷线，电缆头制作、导线连接和线路电气试验
		电气动力	成套配电柜、控制柜（屏、台）和动力、照明配电箱（盘）及控制柜安装，低压电动机、电加热器及电动执行机构检查、接线，低压气动力设备检测、试验和空载试运行，桥架安装和桥架内电缆敷设，电线、电缆导管和线槽敷设，电线、电缆穿管和线槽敷线，电缆头制作、导线连接和线路电气试验，插座、开关、风扇安装
		电气照明安装	成套配电柜、控制柜（屏、台）和动力、照明配电箱（盘）安装，电线、电缆导管和线槽敷设，电线、电缆导管和线槽敷线，电线、电缆导管和线槽敷线，槽板配线，钢索配线，电缆头制作，导线连接和线路气试验，普通灯具安装，专用灯具安装，插座、开关、风扇安装，建筑照明通电试运行
		备用和不间断电源安装	成套配电柜、控制柜（屏、台）和动力、照明配电箱（盘）安装，柴油发电机安装，不间断电源的其他功能单元安装，裸母线、封闭母线、插接式母线安装，电线、电缆导管和线槽敷设，电线、电缆导管和线槽敷线，电缆头制作、导线连接和线路气试验，接地装置安装
		防雷及接地安装	接地装置安装，避雷引下线和变配电室接地干线敷设，建筑物等电位连接，接闪器安装
7	智能建筑	通信网络系统	通信系统，卫星及有线电视系统，公共广播系统
		办公自动化系统	计算机网络系统，信息平台及办公自化应用软件，网络安全系统

（续表）

序号	分部工程	子分部工程	分项工程
7	智能建筑	建筑设备监控系统	空调与通风系统，变配电系统，照明系统，给排水系统，热源和热交换系统，冷冻和冷却系统，电梯和自动扶梯系统，中央管理工作站与操作分站，子系统通信接口
		火灾报警及消防联动系统	火灾和可燃气体探测系统，火灾报警控制系统，消防联动系统
		安全防范系统	电视监控系，入侵报警系统，巡更系统，出入口控制（门禁）系统，停车管理系统
		综合布线系统	缆线敷设和终接，机柜、机架、配线架的安装，信息插座和光缆芯线终端的安装
		智能化集成系统	集成系统网络，实时数据库，信息安全，功能接口
		电源与接地	智能建筑电源，防雷及接地
		环境	空间环境，室内空调环境，视觉照明环境，电磁环境
		住宅（小区）智能化系统	火灾自动报警及消防动系统，安全防范系统（含电视临近系统，入侵报警系统，巡更系统、门禁系统、楼宇对讲系统、停车管理系统），物业管理系统（多表现场计量及与远程传输系统、建筑设备监控系统、公共广播系统、小区建筑设备监控系统、物业办公自动化系统），智能家庭信息平台
8	通风与空调	送排风系统	风管与配件制作，部件制作，风管系统安装，空气处理设备安装，消声设备制作与安装，风管与设备防腐，风机安装，系统调试
		防排烟系统	风管与配件制作，部件制作，风管系统安装，防排烟风口、常闭正压风口与设备安装，风管与设备防腐同，风机安装，系统调试
		除尘系统	风管与配件制作，部件制作，风管系统安装，除尘器与排污设备安装，风管与设备防腐，风机安装，系统调试
		空调风系统	风管与配件制作，部件制作，风管系统安装，空气处理设备安装，消声设备制作与安装，风管与设备防腐，风机安装，风管与设备绝热，系统调试
		净化空调系统	风管与配件制作，部件制作，风管系统安装，空气处理设备安装，消声设备制作与安装，风管与设备防腐，风机安装，风管与设备绝热，高效过滤器安装，系统调试
		制冷设备系统	制冷组安装，制冷剂管道及配件安装，制冷附属设备安装，管道及设备的防腐与绝热，系统调试
		空调水系统	管道冷热（媒）水系统安装，冷却水系统安装，准凝水系统安装，阀门及部件安装，冷却塔安装，水泵及附属设备安装，管道与设备的防腐与绝热，系统调试
9	电梯	电力驱动的曳引式或强制式电梯安装	设备进场验收，土建交接检验，驱动主机，导轨，门系统，轿厢，对重（平衡重），安全部件，悬挂装置，随行电缆，补偿装置，电气装置，整机安装验收
		液压电梯安装	设备进场验收，土建交接检验，驱动主机，导轨，门系统，轿厢，对重（平衡重），安全部件，悬挂装置，随行电缆，补偿装置，整机安装验收
		自动扶梯、自动人行道安装	设备进场验收，土建交接检验，整机安装验收

1.3 思考题

1. 建筑工程施工项目系统构成，并举例说明。
2. 建筑工程施工项目管理的内容。
3. 建筑工程施工项目管理的程序。

第 2 章 建筑工程施工项目管理规划

2.1 建筑工程施工项目管理规划概述

2.1.1 施工项目管理规划作用

施工项目管理规划是对项目全过程中的各种管理工作、各种管理过程以及各种管理要素,进行完整的、全面的总体的计划。

施工项目管理规划作用有:

(1) 研究并制定施工项目管理目标。

(2) 规划实施项目目标的组织、程序和方法,落实组织责任。

(3) 作为相应工程的施工项目管理规范,在施工项目管理过程中落实、实施。

(4) 作为对施工项目经理部考核的依据之一。

2.1.2 工程项目管理规划种类

施工项目管理规划分为项目管理规划大纲和实施规划两种,二者的区别、联系见表2-1。

表 2-1 施工项目管理规划大纲和实施规划比较

管理规划种类	编制时间	编 制 人	作 用
管理规划大纲	投标之前	组织的管理层或组织委托的项目管理单位编制	指导投标人编制投标文件、投标报价和签订施工合同
管理实施规划	签订施工合同以后	承包人在项目或每个阶段实施之前由项目经理组织编制	用以策划施工项目计划目标、管理措施和实施方案,保证施工合同顺利实施

在实际工程中,我国的发包人常常在施工组织设计中要求承包人编制施工组织设计,所以在相应的投标文件中,应该按照施工项目管理规划大纲编制施工组织设计,施工项目管理规划大纲的内容可以直接或经过修改后在施工组织设计中应用。

承包人在中标后的一段时间内(通常为 28 天)向发包人(或监理工程师)提供翔实的工程实施计划,这个翔实的工程实施计划应该按照施工项目管理实施规划编制,施工项目管理实施规划的内容可以直接或经过修改后在工程实施计划中应用。

2.2 建筑工程施工项目管理规划的编制要求

2.2.1 编制要求

施工项目管理规划应该符合以下要求：
（1）符合招标文件、合同条件以及发包人对工程的要求。
（2）具有科学的可执行性，能符合实际，能较好的反应以下几点：
① 工程环境、现场条件、气候、当地市场的供应能力等。
② 符合施工工程自身的客观规律性，按照工程的规模、复杂程度、质量标准、工程施工自身的逻辑性和规律性进行规划。
③ 施工项目相关各方的实际能力。
（3）符合国家和地方的法律、法规、规程、规范。
（4）符合现代管理理论，采用新的管理方法、手段和工具。
（5）应该是系统的、优化的。

2.2.2 编制依据

项目管理规划大纲的编制，可依据下列资料：
（1）招标文件及发包人对招标文件的解释。
（2）企业管理层对招标文件分析研究的结果。
（3）工程现场情况。
（4）发包人提供的信息和资料。
（5）有关市场信息。
（6）企业法定代表人的投标意见。
编制项目管理实施规划可依据下列资料：
（1）《项目管理规划大纲》。
（2）《项目管理目标责任书》。
（3）《施工合同》。

2.3 建筑工程施工项目管理规划的内容

2.3.1 施工项目管理规划大纲的内容

项目管理规划大纲应包括下列内容：

（1）项目概况。可以描述项目的规模及承包工程的范围等。

（2）项目实施条件分析。实施条件包括发包人的条件、现场条件、施工项目的招标条件等。

（3）项目投标活动及签订施工合同的策略。

（4）项目管理目标。包括合同要求的质量、进度、造价目标及企业对施工项目的成本、工期目标。

（5）项目组织结构。主要是确定项目的管理组织构架，原则性的确定项目经理、总工程师等人选。

（6）质量目标和施工方案。主要描述保证质量的措施及重要的施工技术措施。

（7）工期目标和施工总进度计划。一般采用横道图计划，并注明主要的里程碑事件来表明进度的安排。

（8）成本目标。

（9）项目风险预测和安全目标。制定风险应对措施及保证安全的措施。

（10）项目现场管理和施工平面图。根据现场情况，按比例绘制现场施工平面图。

（11）投标和签订施工合同。

（12）文明施工及环境保护。

2.3.2 施工项目管理实施规划的内容

项目管理实施规划应包括下列内容：

（1）工程概况。

工程特点。

建设地点及环境特征。

施工条件。

项目管理特点及总体要求。

（2）施工部署。

项目的质量、进度、成本及安全目标。

拟投入的最高人数和平均人数。

分包计划、劳动力使用计划、材料供应计划、机械设备供应计划。

施工程序。

项目管理总体安排。

（3）施工方案。

施工阶段划分。

施工方法和施工机械选择。

安全施工设计。

环境保护内容及方法。
(4) 施工进度计划。
施工总进度计划。
单位工程施工进度计划。
(5) 资源供应计划。
劳动力需求计划。
主要材料和周转材料需求计划。
机械设备需求计划。
预制品订货和需求计划。
大型工具、器具需求计划。
(6) 施工准备工作计划。
施工准备工作组织及时间安排。
技术准备及编制质量计划。
施工现场准备。
作业队伍和管理人员的准备。
物资准备。
资金准备。
(7) 施工平面图。
施工平面图说明。
施工平面图。
施工平画图管理规划。
(8) 技术组织措施计划。
保证进度目标的措施。
保证质量目标的措施。
保证安全目标的措施。
保证成本目标的措施。
保证季节施工的措施。
保护环境的措施。
文明施工措施。
各项措施应包括技术措施、组织措施、经济措施及合同措施。
(9) 项目风险管理。
风险因素识别一览表。
风险可能出现的概率及损失值估计。
风险管理重点。
风险防范对策。

风险管理责任。
（10）信息管理。
与项目组织相适应的信息流通系统。
信息中心的建立规划。
项目管理软件的选择与使用规划。
信息管理实施规划。
（11）技术经济指标分析。
规划的指标。
规划指标水平高低的分析和评价。
实施难点的对策。

2.3.3 施工项目管理实施规划的管理

施工项目管理规划的管理应该符合以下规定：
（1）项目管理实施规划应经会审后，由项目经理签字并报企业主管领导人审批。
（2）当监理机构对项目管理实施规划有异议时，经协商后可由项目经理主持修改。
（3）项目管理实施规划应按专业和子项目进行交底落实执行责任。
（4）执行项目管理实施规划过程中应进行检查和调整。
（5）项目管理结束后，必须对项目管理实施规划的编制、执行的经验和问题进行总结分析，并归档保存。

2.4 建筑工程施工项目管理规划编制

施工项目管理规划在项目管理中起着举足轻重的作用。现节选某大学的项目管理规划中的部分内容为例，来说明规划的具体编制方法。

2.4.1 工程概况

工程名称：某大学教学主楼
该教学主楼位于某大学校区内，与已建成的教学楼、实验楼、建设中的教学配楼、实验配楼及下沉式中心广场组成教学区。
主楼主要设置教学、阅览、实验、办公等功能区，是校区内最重要的教学建筑。主楼功能组成复杂、建筑规模较大，并拥有现代化的设备、监控、教学系统，将成为该校区内标志性建筑。主要的建筑技术指标：

总建筑面积：62445m^2；

其中地上：55119 m^2；

地下：7326 m^2；

建筑高度：99.0m；

层数：26层，其中地下2层、地上24层；

地下汽车车库：90个车位。

结构类型：主楼部分采用现浇钢筋混凝土框架-剪力墙结构，中间结合楼梯、电梯间设计成核心剪力筒，四周增设一些剪力墙以增加建筑物的整体刚度。四、五、六层部分跨度在12.0m以上的梁采用后张法预应力钢筋混凝土结构。两侧群房部分采用现浇钢筋混凝土框架架构。

抗震设防烈度：7度近震；

抗震等级：主楼框架和剪力墙均为二级，群房框架为三级；

建筑物安全等级为一级。

施工合同工程范围：该教学主楼范围内的人工挖孔桩、土方工程、基础及地下室工程、主体结构工程、设备安装工程及装饰工程。

本施工项目的主要工程量表（略）。

2.4.2 施工部署

（1）该项目的质量、进度、成本及安全总目标

① 保证实现业主对项目使用功能的要求。

② 保证工程总目标的实现。

工期：本工程于×年×月×日竣工（585天）交付运行。

质量：创建国家级优质工程"鲁班奖"。

成本：将施工总成本控制在施工企业与项目经理部签订的责任成本范围内。

③ 无重大安全事故。

（2）施工项目经理部的组织设置

① 项目经理部主要管理人员表见表2-2。

② 施工项目经理部组织机构系统图见图2-1。

③ 项目经理部责任矩阵见表2-3。

表2-2 施工项目经理部主要管理人员表

机构	项目负责	姓名	职务	职称	主要管理责任	主要资历、经验及承担过的项目
总部	企业经理					
	技术负责人					
	安全负责人					

（续表）

机构	项目负责	姓名	职务	职称	主要管理责任	主要资历、经验及承担过的项目
现场	项目经理					
	项目副经理					
	项目总工					
	裙楼1工程负责人					
	主楼2工程负责人					
	裙楼3工程负责人					
	质量管理					
	安全管理					
	计划管理					
	结构工程师					
	测量工程师					
	管道工程师					
	电气工程师					

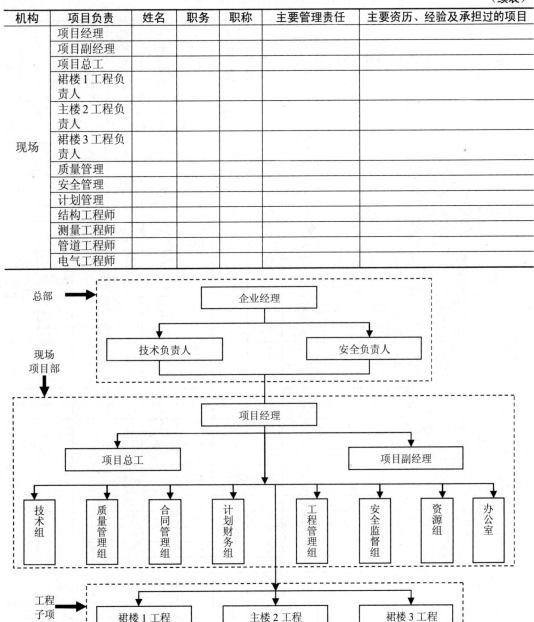

图 2-1　经理部组织机构系统图

表 2-3 项目经理部责任矩阵

阶段	管理工作内容	项目经理	技术组	工程管理组	计划财务组	合同管理组	质量管理组	资源管理组	安全监督组	办公室
前期工作内容	现场七通一平	☆		☆				○	○	
	现场及周边勘察	☆	☆	☆				○	○	
	现场调查	☆		☆				○		
	现场测试	☆	☆	○			☆	○		
	现场警卫	☆		☆				○		
设计协调及技术管理	图纸会审	☆	☆	○			○			
	审查施工图预算	☆	☆	○		☆				
	设计交底	☆	☆	☆			○			
	总包管理施工组织	☆		○	○	○	○	○		
	材料设备清单	☆		○	○	○		☆		
	变更管理及竣工图	☆	☆	☆	○	○	○			
	图纸资料管理	☆	☆	○			○			
现场管理	施工总平面图	☆	☆	☆			○	○		
	现场照管	☆		☆				○		
	现场用地、用路手续	☆		○				○		
	现场水、电、路管理	☆		○				○		
	周边协调	☆		○	○			○		
	周边建筑及线路保护	☆		○	○			○		
	与主管部门协调	☆		○	○	○	○			
	文物古迹保护	☆	☆	☆						
	现场文明	☆		☆						
工程进度管理控制	施工进度计划	☆	☆	○	○	○		○		
	网络计划	☆	☆	○	☆			○		
	进度监督	☆		○	☆			○		
	进度动态跟踪	☆		○	☆			○		
	进度报表	☆		○	☆			○		
	向甲方提供进度信息	☆		○	☆			○		
	协调各单位进度	☆		○	☆			○		
工程质量管理	建立质量管理体系	☆	☆				○			
	制定质量工作程序	☆	☆				○			
	按质量规范组织施工	☆		○			☆	○	○	
	施工材料半成品质量监督	☆	○				☆	○		
	技术交底和方案优化	☆		☆			○			
工程质量管理	审核施工组织设计、检查施工任务	☆	☆	○			○			
	材料控制	☆		○			○	☆		
	监督和检查施工	☆		☆			○			

（续表）

阶段	管理工作内容	项目经理	技术组	工程管理组	计划财务组	合同管理组	质量管理组	资源管理组	安全监督组	办公室
工程质量管理	提供质量报告			O			☆	O		O
	设计变更管理		☆	O	O		O	O		
	处理质量事故	☆	☆	O			O	O		
	组织工程检查验收	☆		O			☆			
	施工技术资料管理			O			O			☆
	协助确定甲方供应材料设备					O		☆		
工程造价管理	审核预算						☆	O		
	初审设备材料价格	☆					☆	O		
	编制已完工程报表	☆			☆			O		
	工程成本分析				☆					
	预算及成本控制情况评估				☆					
材料设备管理	材料设备计划及采购申请				O			☆		
	甲方委托的材料设备全过程管理					O		☆		
	协助签订采购合同				O	☆		O		
	制定保管制度							☆		
	材料设备保护							☆		
财务管理	编制用款计划				☆			O		
	编制月进度款支付表				☆	O				
	协助甲方供应材料、设备结算				☆	O				
	档案管理						O			☆
安全管理	安全措施督促、检查						O		☆	O
	安全责任						O		☆	
	安全协议签订						O		☆	

注：☆——表示决策
　　O——表示主管
　　其他未标注表示参与

2.5 思考题

1. 施工项目管理规划编制的依据。
2. 施工项目管理实施规划的主要内容。
3. 结合工程具体情况，编制一份项目管理规划。

第 3 章 建筑工程施工项目合同管理

3.1 建筑工程施工项目投标基本知识

3.1.1 招投标基本概念

建设工程招标是指招标人通过招标公告或投标邀请书的形式，招请具有法定条件和承建能力的投标人参与投标竞争，择优选定项目承包人。

建设工程投标是指经资格审查合格的投标人，按招标文件的规定填写投标文件，按招标条件编制投标报价，在招标限定的时间内送达招标单位。

2000年1月1日起施行的《中华人民共和国招标投标法》规定：在中华人民共和国境内进行下列工程建设项目包括项目的勘察、设计、施工、监理以及与工程建设有关的重要设备、材料等的采购，必须进行招标：

（1）大型基础设施、公用事业等关系社会公共利益、公众安全的项目。
（2）全部或者部分使用国有资金投资或者国家融资的项目。
（3）使用国际组织或者外国政府贷款、援助资金的项目。

3.1.2 施工项目投标基本条件

施工单位投标应该具备以下几方面的基本条件：

（1）投标人应当具备承担招标项目的能力。国家有关规定对投标人资格条件或者招标文件对投标人资格条件有规定的，投标人应当具备规定的资格条件。
（2）参加投标的单位必须至少满足该工程所要求的资质等级。
（3）参加投标的单位必须具有独立法人资格和相应的施工资质。
（4）为具有被授予合同的资格，投标单位应该提供令招标单位满意的资格文件，以证明其符合投标资格条件和具有履行合同的能力。
（5）两个以上法人或者其他组织可以组成一个联合体，以一个投标人的身份共同投标。联合体各方均应当具备承担招标项目的相应能力，国家有关规定或者招标文件对投标人资格条件有规定的，联合体各方均应当具备规定的相应资格条件。由同一专业的单位组成的联合体，按照资质等级较低的单位确定资质等级。
（6）投标人不得相互串通投标报价，不得排挤其他投标人的公平竞争，损害招标人或者其他投标人的合法权益。投标人不得与招标人串通投标，损害国家利益、社会公共利益或者他人的合法权益。禁止投标人以向招标人或者评标委员会成员行贿的手段谋取中标。

3.1.3 投标基本程序

建设工程施工项目的投标程序见表 3-1。

表 3-1 投标书附录

序号	项目内容	合同条款号	
1	履约保证金： 银行保函金额 履约保证书金额	8.1 8.1	合同价格＿＿＿％（5%） 合同价格的＿＿＿％（10%）
2	发出通知的时间	10.1	签订合同协议书＿＿＿天内
3	延期赔偿费金额	12.5	天/元
4	误期赔偿费限额	12.5	合同价格的＿＿＿％
5	提前工期奖	13.1	天/元
6	工程质量达到优良标准补偿金	15.1	元
7	工程质量未达到要求优良标准时的赔偿费	15.2	元
8	预付款金额	20.1	合同价格的＿＿＿％
9	保留金金额	22.2.5	每次付款额的＿＿＿％（10%）
10	保留金限额	22.2.5	合同价格的＿＿＿％（3%）
11	竣工时间	27.5	＿＿＿天（日历日）
12	保修期	29.1	＿＿＿天（日历日）

投标单位：（盖章）
法定代表人：（签字、盖章）

日期：＿＿＿年＿＿＿月＿＿＿日

投标程序中有以下几点应该加以明确：
（1）投标文件的送达。
投标人应当在招标文件要求提交投标文件的截止时间前，将投标文件密封送达投标地点。
投标人在招标文件要求提交投标文件的截止时间前，可以补充、修改或者撤回已提交的投标文件，并书面通知招标人。补充、修改的内容为投标文件的组成部分。
在提交投标文件截止时间后到招标文件规定的投标有效期终止之前，投标人不得补充、修改、替代或者撤回其投标文件。投标人补充、修改、替代投标文件的，招标人不予接受；投标人撤回投标文件的，其投标保证金将被没收。
（2）开标时间、地点。
应在招标文件确定的提交投标文件截止时间的同一时间公开进行；开标地点应在招标文件中约定。
（3）废标。
评标过程由评标委员会组织实施。施工单位的标书满足以下列条件之一即为废标：
① 逾期送达的或者未送达指定地点的。

② 未按招标文件要求密封的。
③ 无单位盖章并无法定代表人或法定代表人授权的代理人签字或盖章的。
④ 未按规定的格式填写，内容不全或关键字迹模糊、无法辨认的。
⑤ 投标人递交两份或多份内容不同的投标文件，或在一份投标文件中对同一招标项目报有两个或多个报价，且未声明哪一个有效（按招标文件规定提交备选投标方案的除外）。
⑥ 投标人名称或组织机构与资格预审时不一致的。
⑦ 未按招标文件要求提交投标保证金的。
⑧ 联合体投标未附联合体各方共同投标协议的。
（4）中标。
中标人的投标应当符合下列条件之一：
① 能够最大限度地满足招标文件中规定的各项综合评价标准。
② 能够满足招标文件的实质性要求，并且经评审的投标价格最低，但是投标价格低于成本的除外。

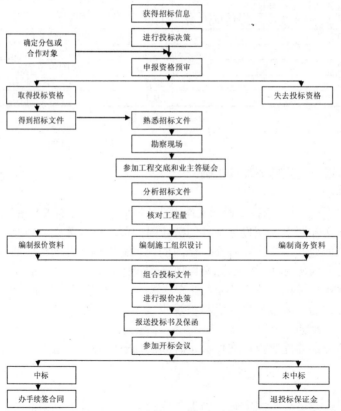

图 3-1　建设工程施工项目的投标程序

评标委员会提出书面评标报告后,招标人一般应当在15日内确定中标人,但最迟应当在投标有效期结束日前30个工作日内确定。

发出中标通知书,签订施工合同。

① 招标人和中标人应当自中标通知书发出之日起30日内,按照招标文件和中标人的投标文件订立书面合同。

② 中标人应按照招标人要求提供履约保证金或其他形式履约担保,招标人也应当同时向中标人提供工程款支付担保。

③ 招标人与中标人签订合同后5个工作日内,应当向中标人和未中标的投标人退还投标保证金。

3.1.4 施工项目投标文件组成

根据《招标文件范本》规定,投标文件主要由以下四部分组成:

(1) 投标书及投标书附录。

投标书是投标人接受招标文件规定的要求,按"投标须知"的指示,以自己开出的报价,承担整个工程项目的施工、完工和修补缺陷的保证书。投标书的格式和内容由招标人事先拟定的,通常由正文(投标书)和附录两部分。投标书及附录(表3-1),由投标人以填空的形式填写。投标书及附录的格式如下:

投 标 书

建设单位:_____

1) 根据已收到的招标编号为_____的_____工程招标文件,遵照《工程建设施工招标投标管理办法》的规定,我单位经考察现场和研究上述工程招标文件的投标须知、合同条件、技术规范、图纸、工程量清单和其他有关文件后,我方愿以人民币_____元的总价,或按上述合同条件、技术规范、图纸、工程量清单的条件承包上述工程的施工、竣工和保修。

2) 一旦我方中标,我方保证在_____年_____月_____日开工,在_____年_____月____日竣工,即_____天(日历日)内竣工并移交整个工程。

3) 如果我方中标,我方将按照规定提交上述总价的5%的银行保函或上述总价的10%的具备独立法人资格的经济实体企业出具的履约担保书,作为履约保证金,共同地和分别地承担责任。

4) 我方同意本所递交的投标文件在"投标须知"规定投标有效期内有效,在此期间内我方的投标有可能中标,我方将受此约束。

5) 除非另外达成协议并生效,你方的中标通知和本投标书将构成约束我们双方的合同。

6) 我方的金额为人民币_____元的投标保证金与本投标书同时递交。

投标单位:(盖章)

单位地址:

法定代表人：（签字、盖章）
　邮政编码：
　电话：
　传真：
　开户银行名称：
　银行账号：
　开户行地址：
　电话：

　　　　　　　　　　　　　　　　　　　　日期：____年____月____日

（2）工程量清单及报价表

2003年2月17日我国颁布了《建设工程工程量清单计价规范》规定：实行工程量清单计价招投标的工程，必须按照上述规范进行相应地计价活动。

清单计价格式应随招标文件发至投标人，投标人按照要求进行填写，组成投标文件。一般招标人提供分部、分项工程数量，投标人填报综合单价。体现了统一量、竞争价的竞争理念。清单计价格式主要包括以下几个方面内容：

① 封面。格式如下：

　　　　　　　　　　　　_____工程
　　　　　　　　　　　工程量清单报价表

招　标　人 _____（单位签字盖章）

法定代表人 _____（签字盖章）

造价工程师
及注册证号：_____（签字盖执业专用章）

编 制 时 间：_____

② 投标总价。格式如下：

　　　　　　　　　　　　　　投标总价

建设单位：_____

工程名称：_____

投标总价（小写）：_____

　　　　　　大写：_____

投 标 人：_____

法定代表人：_____

编制时间：_____

③ 工程项目总价表。格式如表3-2。

表 3-2 工程项目总价表

工程名称　　　　　　　　　　　　　　　　　　　　　　　　　第　页共　页

序号	单项工程名称	金额（元）
	合计	

④ 单项工程费汇总表。格式如表3-3。

表 3-3 单项工程费汇总表

工程名称　　　　　　　　　　　　　　　　　　　　　　　　　第　页共　页

序号	单位工程名称	金额（元）
	合计	

⑤ 单位工程费汇总表。格式如表3-4。

表 3-4 单位工程费汇总表

工程名称　　　　　　　　　　　　　　　　　　　　　　　　　　第　页共　页

序号	项目名称	金额（元）
1	分部分项工程量清单计价合计	
2	措施项目清单计价合计	
3	其他项目清单计价合计	
4	规费	
5	税金	
	合计	

⑥ 分部分项工程量清单计价表。格式如表 3-5。

表 3-5 分部分项工程量清单计价表

工程名称　　　　　　　　　　　　　　　　　　　　　　　　　　第　页共　页

序号	项目编码	项目名称	计量单位	工程数量	金额（元）	
					综合单价	合价
		本页小计				
		合　　计				

⑦ 措施项目清单计价表。
⑧ 其他项目清单计价表。
⑨ 零星工作项目计价表。
⑩ 分部分项工程量清单综合单价分析表。格式如表 3-6。

表 3-6 分部分项工程量清单综合单价分析表

工程名称　　　　　　　　　　　　　　　　　　　　　　　　　　第　页共　页

序号	项目编码	项目名称	工程内容	综合单价组成					综合单价
				人工费	材料费	机械使用费	管理费	利润	

⑪ 措施项目费分析表。
⑫ 主要材料价格表。
（3）辅助资料表
根据《招投标法》和《招标文件范本》规定，辅助资料表主要有：
① 项目经理简历表。
② 主要技术人员简历表和主要施工人员表。
③ 主要施工机械设备表。
④ 项目拟分包情况表。
⑤ 劳动力计划表。
⑥ 施工方案或施工组织设计。
⑦ 计划开、竣工日期和施工进度表。
⑧ 临时设施布置及临时用地表。
（4）资格审查表
本表适用于未经过资格预审的招标或投标，也可称为资格后审。

3.1.5 建筑工程施工项目投标技巧

投标技巧研究，其实质是在保证工程质量与工期条件下，寻求一个好的报价的技巧问题。承包商为了中标并获得期望的效益，投标程序全过程几乎都要研究投标报价技巧问题。如果以投标程序中的开标为界，可将投标的技巧研究分为两阶段，即开标前的技巧研究和开标至签订合同时的技巧研究。

（1）开标前的投标技巧研究
① 不平衡报价法
不平衡报价，指在总价基本确定的前提下，如何调整内部各个子项的报价，以期望既不影响总报价，又在中标后可以获取较好的经济效益。通常采用的不平衡报价有下列几种情况：

对能早期结账收回工程款的项目（如土方、基础等）的单价可报以较高价，以利于资金周转；对后期项目（如装饰、电气设备安装等）单价可适当降低。

估计今后工程量可能增加的项目，其单价可提高，而工程量可能减少的项目，其单价可降低。

图纸内容不明确或有错误，估计修改后工程量要增加的，其单价可提高；而工程内容不明确的，其单价可降低。

没有工程量只填报单价的项目，其单价宜高。这样，既不影响总的投标报价，又可多获利。

对于暂定项目，其实施可能性大的项目，价格可定高价；估计该工程不一定实施的可定低价。

② 多方案报价法

若业主拟定的合同要求过于苛刻，为使业主修改合同要求，可提出两个报价并阐明：按原合同要求规定，投标报价为某一数值；倘若合同要求作某些修改，可降低报价一定百分比，以此来吸引对方。

另外一种情况，是自己的技术和设备满足不了原设计的要求，但在修改设计以适应自己的施工能力的前提下仍希望中标，于是可以报一个按原设计施工的投标报价（投高标）；另一个按修改设计施工比原设计的标价低得多的投标报价，以诱导业主。

③ 低投标价夺标法

此种方法是非常情况下采用的非常手段：比如企业大量窝工，为减少亏损；或为打入某一建筑市场；或为挤走竞争对手保住自己的地盘，于是制定了严重亏损标，力争夺标。若企业无经济实力，信誉不佳，此法也不定会奏效。

（2）开标后的投标技巧研究

投标人通过公开开标这一程序可以得知众多投标人的报价。但低价并不一定中标，需要综合各方面的因素，反复议审，经过议标谈判，方能确定中标人。若投标人利用议标谈判施展竞争手段，就可以变自己的投标书的不利因素为有利因素，大大提高获胜机会。

从招标的原则来看，投标人在标书有效期内，是不能修改其报价的。但是，某些议标谈判可以例外。在议标谈判中的投标技巧主要有：

① 降低投标价格

投标价格不是中标的唯一因素，但却是中标的关键性因素。在议标中，投标者适时提出降价要求是议标的主要手段。需要注意的是：其一，要摸清招标人的意图，在得到其希望降低标价的暗示后，再提出降价的要求。因为有些国家的政府关于招标的法规中规定，已投出的投标书不得改动任何文字，若有改动，投标即告无效。其二，降低投标价要适当，不得损害投标人自己的利益。

② 补充投标优惠条件

在议标谈判的技巧中，除价格外，还可以考虑其他许多重要因素，如缩短工期，提高工程质量，降低支付条件要求，提出新技术和新设计方案，以及提供补充物资和设备等，以此优惠条件争取得到招标人的赞许，争取中标。

3.2　建筑工程施工项目合同管理

《合同法》第二条规定："合同是平等主体的自然人、法人、其他组织之间设立、变更、终止民事权利义务关系的协议。"建设工程施工合同，又称建筑安装合同，是发包人（建设单位）和承包人（施工单位）为完成商定的建设工程，明确相互权利、义务关系的协议。

施工合同管理是对工程施工合同的签订、履行、变更和解除等进行筹划和控制的过程，其主要内容有：根据项目特点和要求确定施工承发包模式和合同结构、选择合同文本、确定合同计价和支付方法、合同履约过程的管理与控制、合同索赔和反索赔等。

3.2.1 施工合同订立

《招投标法》第46条规定："招标人和中标人应当自中标通知书发出之日起30日内，按照招标文件和中标人的投标文件订立书面合同。招标人和投标人不得再行订立背离合同实质性内容的协议。"

建设项目的承包人，依法将项目的非主体或非关键工程，交由分包人完成，与分包人订立分包合同。分包合同有三种形式：

（1）合同约定的分包。经过招标人在招标公告中约定或中标人经过招标人同意的分包形式。

（2）合同履行过程中的分包。必须经过建设单位或发包人同意。

（3）指定分包人。建设单位一般不得直接指定分包单位，确有特殊情况需要指定的，须征得承包单位的同意。

建设部和国家工商行政管理局于1999年12月24日印发了《建设工程施工合同（示范文本）》(GF-1999-0201)，对合同当事人进行规范。示范文本中的条款属于推荐使用，应根据工程的特点进行取舍、补充，最终形成责任明确、操作性强的合同。示范文本主要由以下几部分组成：

（1）《协议书》

施工合同的纲领性文件，经双方当事人签字盖章后即可生效。具体见附件3-1。

（2）《通用条款》

所含条款的约定不区分具体工程的行业、地域、规模等特点，只要属于建筑安装工程均可适用。主要包括：

词语定义及合同文件；

双方一般权利和义务；

施工组织设计和工期；

质量与检验；

安全施工；

合同价款与支付；

材料设备供应；

工程变更；

竣工验收与结算；

违约、索赔和争议；

其他。

（3）《专用条款》

考虑到施工项目共性的基础上，考虑到每个施工项目的具体特点，由合同当事人根据发包工程的具体情况细化。具体见本章后面的附件3-2。

示范文本包括三个附件：

附件1：承包人承揽工程项目一览表。

附件2：发包人供应材料设备一览表。

附件3：工程质量保修书。

3.2.2 建筑工程施工合同交底

合同签订后，应该在对合同条款认真分析的基础上，由合同管理人员向各层次管理者作"合同交底"，把合同责任具体落实到各责任人和合同实施的具体工作上。

（1）合同管理人员项目管理人员和企业各部门相关人员进行"合同交底"，组织大家学习合同，对合同的主要内容做出解释和说明。

（2）将各种合同事件的责任分解落实到各工程小组或分包人。

（3）在合同实施前与其他相关方面，如发包人、监理工程师等沟通，召开协调会，落实各种安排。

（4）合同实施过程中还必须进行经常性的检查、监督，对合同作解释。

3.2.3 建筑工程施工合同履行原则

施工合同的履行应该遵循以下原则：

（1）全面履行的原则。

（2）诚实信用原则。

（3）协作履行原则。

（4）应当遵守纪律和行政法规，尊重社会公德，不得扰乱社会经济秩序，损害社会公共利益。

合同的条款应该明确、具体、完备。若由于某些主客观原因，致使合同欠缺某些必要条款或者约定不明，《合同法》提出以下三种解决办法：

① 协议补充：当事人双方补充合同漏洞。

② 规则补充（解释补充）：以合同的客观内容为依据，采用以下两种补充方式：

按合同有关条款确定。如履行地点不明，但合同规定了履行方式，就有可能从中确定履行地点。

根据交易习惯确定。

③ 法定补充：

质量要求不明确的，按照国家标准、行业标准履行；没有国家标准、行业标准的，按照通常标准或者符合合同目的的特定标准履行。

价款或者报酬不明确的，按照订立合同时履行地的市场价格履行；依法应当执行政府定价或者政府指导价的，按照规定履行。

履行地点不明确，给付货币的，在接受货币一方所在地履行；交付不动产的，在不动产所在地履行；其他标的，在履行义务一方所在地履行。

履行期限不明确的，债务人可以随时履行，债权人也可以随时要求履行，但应当给对方必要的准备时间。

履行方式不明确的，按照有利于实现合同目的的方式履行。

履行费用的负担不明确的，由履行义务一方负担。

合同履行过程中价格发生变动时的履行规则：

执行政府定价或者政府指导价的，在合同约定的交付期限内政府价格调整时，按照交付时的价格计价。逾期交付标的物的，遇价格上涨时，按照原价格执行；价格下降时，按照新价格执行。逾期提取标的物或者逾期付款的，遇价格上涨时，按照新价格执行；价格下降时，按照原价格执行。

3.2.4 施工合同履行中施工单位的主要任务

合同履行过程中承包人按专用条款约定的内容和时间完成以下工作：

（1）在其设计资质等级和业务允许的范围内，按发包人的要求施工组织设计及所需完成施工图设计或配套设计，并经发包人认可、项目监理机构批准后实施；

（2）向项目监理机构提供年、季、月度工程进度计划及相应进度统计报表、工程事故报告；

（3）根据工程需要，提供和维修非夜间施工使用的照明、围栏、值班看守警卫等；

（4）按专用条款约定的数量和要求，向项目管理机构、项目监理机构提供施工场地办公和生活的房屋及设施，发包人承担由此发生的费用；

（5）遵守政府有关主管部门对施工场地交通、施工噪音等的管理规定，经发包人同意后办理有关手续，除因承包人责任造成的罚款外，应由发包人承担有关费用；

（6）协议条款约定负责已完工程的成品保护工作，并对期间发生的工程损害进行维修；

（7）保证施工场地清洁符合有关规定，交工前清理现场达到合同文件的要求，承担因违反有关规定造成的损失和罚款；

（8）合同协议条款约定，有权按进度获得工程价款。与发包人签订提前竣工协议，有权获得工期提前奖励或提前竣工收益的分享；

（9）发生的不可预见事件而引起的合同中断或延期履行，承包人有权提出解除施工合同或提出赔偿要求。

3.2.5　建筑工程施工合同担保

合同担保是指合同当事人以确保合同能够切实履行为目的，根据法律规定或当事人约定的保证措施。合同担保的目的在于促使当事人履行合同，在更大程度上使权利人的权益得以实现。施工合同担保的种类有投标担保、预付款担保和履约担保三种类型。

（1）投标担保。

投标担保是指投标人保证其投标被接受后对其投标书中规定的责任不得撤销或反悔。否则招标人将没收投标人的投标保证金。投标保证金的数额一般为投标价的 2%左右，但最高不得超过 80 万元人民币。

（2）预付款担保。

指承包人和发包人签订合同后，承包人正确、合理使用发包人支付的预付款的担保，一般为合同金额的 10%。

（3）履约担保。

合同的履约担保是指发包人在招标文件中规定的要求承包人提交的保证履行合同义务的担保。履约担保一般有三种形式：

① 银行履约保函。是指由商业银行开具的担保证明，通常为合同金额的 10%左右。

② 履约担保书。由担保公司或保险公司为承包人出具担保书，当承包人违约时，由工程保证人代为完成工程任务。金额一般为合同价格的 30%～50%。

③ 保留金。指发包人根据合同的约定，每次支付工程进度款时扣除一定数量的款项，作为承包人完成其修补任务的保证。保留金一般为每次进度款的 10%，总额一般限制在合同总价款的 5%。

3.2.6　建筑工程施工合同变更

施工合同变更是指合同订立后，履行完毕之前由双方当事人依法对原合同的内容所进行的修改。

合同变更的内容包括以下三个方面：

（1）工程设计变更。如：更改工程有关部分的标高、基线、尺寸；增减合同约定的工程量等。

（2）承包人在施工中提出的合理化建议，涉及对设计图纸或施工组织设计的变更和对材料、设备的换用的，须经工程师同意。

（3）其他变更。如不可抗力、暂停施工等引起的合同变更。

以上变更若是发包人要求的设计变更，导致合同价款增加由发包人承担，工期相应顺延，承包人的合理化建议引起的工程变更并经工程师同意的，所发生的费用、收益等双方另行约定分担或分享。不可抗力引起的暂停施工，工期顺延。

3.2.7 建筑工程施工索赔管理

施工索赔是指发包人未能按合同约定履行自己的各项义务或发生错误以及应由发包人承担责任的其他情况，造成工期延误和（或）承包人不能及时得到合同价款及承包人的其他经济损失。按照索赔的要求可以分为工期索赔、费用或成本索赔和利润索赔。

（1）建设工程索赔的起因

① 发包人违约。包括发包人和工程师没有履行合同责任，没有正确地行使合同赋予的权力，工程管理失误，不按合同支付工程款等。

② 合同错误。如合同条文不全、错误、矛盾、有二义性、设计图纸、技术规范错误等。

③ 合同变更。如双方签订新的变更协议、备忘录、修正案，发包人下达工程变更指令等。

④ 工程环境变化。包括法律、市场物价、货币兑换率、自然条件的变化等。

⑤ 不可抗力因素。如恶劣的气候条件、地震、洪水、战争状态、禁运等。

（2）承包人可按下列程序以书面形式向发包人索赔：

索赔事件发生后 28 天内，向工程师发出索赔意向通知（表 3-7）；

表 3-7　索赔意向通知单

合同名称：　　　　　　　　　合同编号：

致： 　　根据施工合同约定，由于＿＿＿＿＿＿＿＿原因，我方现提出索赔意向书，请贵方审核。 附件：索赔意向书。 承 包 人：（全称及盖章） 施工项目负责人：（签章） 日　期：　　年　　月　　日
审核意见另行签发。 签收机构：（全称及盖章） 签 收 人：（签名） 日　期：　　年　　月　　日

说明：本表一式＿＿＿份，由承包人填写。签收机构审签后，随同审核意见，承包人、监理机构、发包人各1份。

发出索赔意向通知后 28 天内，向工程师提出延长工期和（或）补偿经济损失的索赔报告及有关资料；

工程师在收到承包人送交的索赔报告和有关资料后，于 28 天内给予答复，或要求承包人进一步补充索赔理由和证据；

工程师在收到承包人送交的索赔报告和有关资料后 28 天内未予答复或未对承包人作进一步要求，视为该项索赔已经认可；

当该索赔事件持续进行时，承包人应当阶段性向工程师发出索赔意向，在索赔事件终了后 28 天内，向工程师送交索赔的有关资料和最终索赔报告。

3.2.8 建筑工程施工合同终止和评价

《建筑工程合同（示范文本）》规定：除质量保修义务外，发包人承包人履行合同全部义务，竣工结算价款支付完毕，承包人向发包人交付竣工工程后，合同即告终止。

《合同法》第 91 条规定，有下列情况之一的，合同权利义务终止：

(1) 债务已经按照约定履行；
(2) 合同解除；
(3) 债务相互抵消；
(4) 债务人依法将标的物提存；
(5) 债权人免除债务；
(6) 债权债务同归于一人；
(7) 法律规定或当事人约定的其他情形。

为了全面提高合同的管理水平，竣工验收后应该对合同进行评价。良好的合同管理过程，能够保证质量、进度、安全、成本管理。合同的评价主要包括以下几方面的内容：

(1) 评价合同全面履行的情况。合同的履行应该符合协议书约定的标准，履行合同全部的条款。
(2) 评价合同条款或文件。有无约定不明或缺款少项的情况。
(3) 违约、索赔及争议的情况。

附件 3-1　第一部分　　　协议书

发包人（全称）：

承包人（全称）：

依照《中华人民共和国合同法》、《中华人民共和国建筑法》及其他有关法律、行政法规、遵循平等、自愿、公平和诚实信用的原则，双方就本建设工程施工项协商一致，订立本合同。

一、工程概况

工程名称：

工程地点：

工程内容：

群体工程应附承包人承揽工程项目一览表（附件1）工程立项批准文号：

资金来源：

二、工程承包范围

承包范围：

三、合同工期：

开工日期：

竣工日期：

合同工期总日历天数_____天

四、质量标准

工程质量标准：

五、合同价款

金额（大写）：_____元（人民币）

￥：_____元

六、组成合同的文件

组成本合同的文件包括：

1. 本合同协议书

2. 中标通知书

3. 投标书及其附件

4. 本合同专用条款

5. 本合同通用条款

5. 标准、规范及有关技术文件

7. 图纸

8. 工程量清单

9. 工程报价单或预算书

双方有关工程的洽商、变更等书面协议或文件视为本合同的组成部分。

七、本协议书中有关词语含义本合同第二部分《通用条款》中分别赋予它们的定义相同。

八、承包人向发包人承诺按照合同约定进行施工、竣工并在质量保修期内承担工程质量保修责任。

九、发包人向承包人承诺按照合同约定的期限和方式支付合同价款及其他应当支付的款项。

十、合同生效

合同订立时间：_____年_____月_____日

合同订立地点：_____

本合同双方约定＿＿＿＿＿＿＿＿＿＿＿＿＿＿＿＿＿＿＿＿＿＿＿＿＿＿后生效。

发包人：（公章）＿＿＿＿＿＿＿＿＿＿　　承包人：（公章）＿＿＿＿＿＿＿＿＿＿

住所：＿＿＿＿＿＿＿＿＿＿＿＿＿＿　　住所：＿＿＿＿＿＿＿＿＿＿＿＿＿＿

法定代表人：＿＿＿＿＿＿＿＿＿＿＿　　法定代表人：＿＿＿＿＿＿＿＿＿＿＿

委托代表人：＿＿＿＿＿＿＿＿＿＿＿　　委托代表人：＿＿＿＿＿＿＿＿＿＿＿

电话：＿＿＿＿＿＿＿＿＿＿＿＿＿＿　　电话：＿＿＿＿＿＿＿＿＿＿＿＿＿＿

传真：＿＿＿＿＿＿＿＿＿＿＿＿＿＿　　传真：＿＿＿＿＿＿＿＿＿＿＿＿＿＿

开户银行：＿＿＿＿＿＿＿＿＿＿＿＿　　开户银行：＿＿＿＿＿＿＿＿＿＿＿＿

账号：＿＿＿＿＿＿＿＿＿＿＿＿＿＿　　账号：＿＿＿＿＿＿＿＿＿＿＿＿＿＿

政编码：＿＿＿＿＿＿＿＿＿＿＿＿＿　　邮政编码：＿＿＿＿＿＿＿＿＿＿＿＿

附件 3-2　第二部分（略）

附件 3-2　第三部分　　专用条款

一、词语定义及合同文件

2．合同文件及解释顺序

合同文件组成及解释顺序：

3．语言文字和适用法律、标准及规范

3.1 本合同除使用汉语外，还使用＿＿＿＿＿＿语言文字。

3.2 适用法律和法规需要明示的法律、行政法规

3.3 适用标准、规范

适用标准、规范的名称：

发包人提供标准、规范的时间：

国内没有相应标准、规范时的约定：

4．图纸

4.1 发包人向承包人提供图纸日期和套数：

发包人对图纸的保密要求：

使用国外图纸的要求及费用承担：

二、双方一般权利和义务

5．工程师

5.2 监理单位委派的工程师

姓名：＿＿＿＿＿＿＿　职务：＿＿＿＿＿＿　发包人委托的职权：＿＿＿＿＿＿＿＿＿　需要取得发包人批准才能行使的职权：＿＿＿＿＿＿＿＿＿＿＿＿＿＿＿＿＿＿＿

5.3 发包人派驻的工程师

姓名：＿＿＿＿＿＿＿＿＿＿＿＿＿＿＿　职务：＿＿＿＿＿＿＿＿＿＿

职权：＿＿＿＿＿＿＿＿＿＿＿＿＿＿＿＿＿＿＿＿＿＿＿＿＿＿＿＿

5.6 不实行监理的，工程师的职权：_____

7. 项目经理

姓名：_____ 职务：_____

8. 发包人工作

8.1 发包人应按约定的时间和要求完成以下工作：

（1）施工场地具备施工条件的要求及完成的时间：_____

（2）将施工所需的水、电、电讯线路接至施工场地的时间、地点和供应要求：_____
_____

（3）施工场地与公共道路的通道开通时间和要求：

（4）工程地质和地下管线资料的提供时间：

（5）由发包人办理的施工所需证件、批件的名称和完成时间：

（6）水准点与坐标控制点交验要求：

（7）图纸会审和设计交底时间：

（8）协调处理施工场地周围地下管线和邻近建筑物、构筑物（含文物保护建筑）、古树名木的保护工作：

（9）双方约定发包人应做的其他工作：

8.2 发包人委托承包人办理的工作：

9. 承包人工作 9.1 承包人应按约定时间和要求，完成以下工作：

（1）须由设计资质等级和业务范围允许的承包人完成的设计文件提交时间：

（2）应提供计划、报表的名称及完成时间：

（3）承担施工安全保卫工作及非夜间施工照明的责任和要求：

（4）向发包人提供的办公和生活房屋及设施的要求：

（5）须承包人办理的有关施工场地交通、环卫和施工噪音管理等手续：

（6）已完工程成品保护的特殊要求及费用承担：

（7）施工场地周围地下管线和邻近建筑物、构筑物（含文物保护建筑）、古树名木的保护要求及费用承担：

（8）施工场地清洁卫生的要求：

（9）双方约定承包人应做的其他工作：

三、施工组织设计和工期

10. 进度计划

10.1 承包人提供施工组织设计（施工方案）和进度计划的时间：

工程师确认的时间：

10.2 群体工程中有关进度计划的要求：

13．工期延误

13.1 双方约定工期顺延的其他情况：

四、质量与验收

17．隐蔽工程和中间验收

17.1 双方约定中间验收部位：

19．工程试车

19.5 试车费用的承担：

五、安全施工

六、合同价款与支付

23．合同价款及调整

23.2 本合同价款采用＿＿＿＿＿＿＿＿＿＿＿＿＿＿＿＿＿＿＿＿方式确定。

（1）采用固定价格合同，合同价款中包括的围：

风险费用的计算方法：＿＿＿＿＿＿＿＿＿＿＿＿＿＿＿＿＿＿＿

风险范围以外合同价款调整方法：＿＿＿＿＿＿＿＿＿＿＿＿＿＿

（2）采用可调价格合同，合同价款调整方法：：

（3）采用成本加酬金合同，有关成本和酬金的约定：＿＿＿＿＿＿

23.3 双方约定合同价款的其他调整因素：：

24．工程预付款

发包人向承包人预付工程款的时间和金额或占合同价款总额的比例：

扣回工程款的时间、比例：＿＿＿＿＿＿＿＿＿＿＿＿＿＿＿＿＿

25．工程量确认

25.1 承包人向工程师提交已完工程量报告的时间：＿＿＿＿＿＿

26．工程款（进度款）支付

双方约定的工程款（进度款）支付的方式和时间：＿＿＿＿＿＿

七、材料设备供应

27．发包人供应

27.4 发包人供应的材料设备与一览表不符时，双方约定发包人承担责任如下：

（1）材料设备单价与一览表不符：＿＿＿＿＿＿＿＿＿＿＿＿

（2）材料设备的品种、规格、型号、质量等级与一览表不符：＿＿＿＿

（3）承包人可代为调剂串换的材料：＿＿＿＿＿＿＿＿＿＿＿

（4）到货地点与一览表不符：＿＿＿＿＿＿＿＿＿＿＿＿＿＿

（5）供应数量与一览表不符：＿＿＿＿＿＿＿＿＿＿＿＿＿＿

（6）到货时间与一览表不符：＿＿＿＿＿＿＿＿＿＿＿＿＿＿

27.6 发包人供应材料设备的结算方法：＿＿＿＿＿＿＿＿＿＿＿

28．承包人采购材料设备

28.1 承包人采购材料设备的约定：＿＿＿＿＿＿＿＿＿＿＿＿

八、工程变更

九、竣工验收与结算

32．竣工验收

32.1 承包人提供竣工图的约定：_____

32.6 中间交工工程的范围和竣工时间：_____

十、违约、索赔和争议

35．违约

35.1 本合同中关于发包人违约的具体责任如下：

本合同通用条款第 24 条约定发包人违约应承担的违约责任：_____

本合同通用条款第 26.4 款约定发包人违约应承担的违约责任：_____

本合同通用条款第 33.3 款约定发包人违约应承担的违约责任：_____

双方约定的发包人其他违约责任：_____

35.2 本合同中关于承包人违约的具体责任如下：

本合同通用条款第 14.2 款约定承包人违约承担的违约责任：_____

本合同通用条款第 15.1 款约定承包人违约应承担的违约责任：_____

双方约定的承包人其他违约责任：_____

37．争议

37.1 双方约定，在履行合同过程中产生争议时：

（1）请_____调解；

（2）采取第____种方式解决，并约定向_____仲裁委员会提请仲裁或向_____人民法院提起诉讼。

十一、其他

38．工程分包

38.1 本工程发包人同意承包人分包的工程：_____

分包施工单位为：_____

39．不可抗力

39.1 双方关于不可抗力的约定：_____

40．保险

40.6 本工程双方约定投保内容如下：

（1）发包人投保内容：_____发包人委托承包人办理的保险事项：_____

（2）承包人投保内容：_____

41．担保

41.3 本工程双方约定担保事项如下：_____

（1）发包人向承包人提供履约担保，担保方式为：担保合同作为本合同附件。

（2）承包人向发包人提供履约担保，担保方式为：担保合同作为本合同附件。

（3）双方约定的其他担保事项：_____

46. 合同份数

46.1 双方约定合同副本份数：_____

3.3 思考题

1. 施工项目投标基本程序。
2. 施工项目投标文件组成。
3. 如何对施工合同进行管理？

第4章 施工项目经理和项目经理部

4.1 建筑工程施工项目经理

4.1.1 我国施工项目经理岗位的沿革

建设工程项目经理（以下简称项目经理），从职业角度，是指企业为建立以项目经理责任制为核心，对建设工程实行质量、安全、进度、成本、环保管理的责任保证体系和全面提高工程项目管理水平设立的重要管理岗位；从从业角度，是企业法定代表人在某一建设工程项目上的授权委托代理人。

项目经理岗位职业资质考核评价按照"统一标准、自愿申报、社会培训、行业评价、企业选聘、市场认可、编号登录、颁发证书"的原则，从开始的行政审批到现在的执业资格制度，其历程可表述如下：

1991年建设部颁发《项目经理资质认证管理试行办法》，各级政府主管部门、行业协会、广大建筑业企业全方位开展了规范有序、声势浩大的项目经理培训工作，为项目经理的资质考核和管理打下了坚实的基础。

2002年12月5日人事部、建设部联合印发了《建造师执业资格制度暂行规定》（人发[2002]111号）(简称《暂行规定》)，见附件4-1。为了加强建设工程项目总承包与施工管理，保证工程质量和施工安全，人事部、建设部决定对建设工程项目总承包及施工管理的专业技术人员实行建造师执业资格制度。

2003年2月27日《国务院关于取消第二批行政审批项目和改变一批行政审批项目管理方式的决定》（国发[2003]5号）规定："取消建筑施工企业项目经理资质核准，由注册建造师代替，并设立过渡期。"过渡的时间定为五年，即从国发[2003]5号文印发之日起至2008年2月27日止。在过渡期内，原项目经理资质证书继续有效。

2003年4月建设部《关于建筑业企业项目经理资质管理制度向建造师执业资格制度过渡有关问题的通知》（建市[2003]86号）。过渡期内，对于具有建筑业企业项目经理资质证书的人员，在取得建造师注册证书后，其项目经理资质证书应交回原发证机关。过渡期满后，项目经理资质证书停止使用。从国发[2003]5号文印发之日起，各级建设行政主管部门、国务院有关专业部门、中央管理的企业及有关行业协会不再审批建筑业企业项目经理资质。

2004年2月19日关于印发《建造师执业资格考试实施办法》和《建造师执业资格考核

认定办法》的通知（国人部发[2004]16号），对建造师的职业资格考试及考核作了相应规定。

2005年3月1日关于印发《建设工程项目经理岗位职业资格管理导则》的通知建协[2005]10号。与2004年颁发的《建设工程项目经理职业资质管理规则（试行）》比较，对项目经理的岗位资格作了进一步规定，加强行业自律和建设工程项目经理的专业化、职业化和社会化管理。

2007年建设部《关于印发〈一级建造师注册实施办法〉的通知》（建市[2007]101号）规定，对建造师的注册进一步作了详细规定。取得一级建造师资格证书的申请人可按照上述文件进行注册，一级建造师专业为：建筑工程、公路工程、铁路工程、民航工程、港口与航道工程、水利水电工程、市政公用工程、通信与广电工程、矿业工程、机电工程。

2007年11月19日《关于建筑业企业项目经理资质管理制度向建造师执业资格制度过渡有关问题的补充通知》，为了确保建筑业企业项目经理资质管理制度向建造师执业资格制度平稳过渡，妥善解决尚未取得建造师执业资格的持有项目经理资质证书人员的实际问题，具有统一颁发的建筑业企业一级项目经理资质证书，且未取得建造师资格证书的人员，符合条件的，可申请一级建造师临时执业证书，证书有效期为5年，于2013年2月27日废止。具有建筑业企业一级项目经理资质证书，未取得建造师资格证书且不符合颁发一级建造师临时执业证书条件的，可由省级建设主管部门根据《关于印发〈二级建造师执业资格考核认定指导意见〉的通知》（建市[2004]85号）规定：“对符合条件者颁发二级建造师临时执业证书。具有一级项目经理资质证书的人员不能同时获取一、二级建造师临时执业证书。"

2008年5月《关于全面推进项目经理职业化建设的指导意见（征求意见稿）》中附件1《建设工程项目经理岗位职业行业管理导则》，见本章附件4-2。为全面推进建筑企业职业化建设，进一步深化项目经理责任制，对项目经理的相关问题作了详细规定。

4.1.2 项目经理和建造师的关系

我国项目管理现行的是项目经理责任制。国发[2003]5号文之前项目经理资质属于行政审批制度。注册建造师执业资格制度和项目经理责任制不能相互代替，建造师和项目经理都是围绕工程项目这个焦点展开工作或从事建造活动，都属于工程建设的项目管理。他们之间也存在差异。

（1）建造师与项目经理的定位不同。

建造师是一种执业资格注册制度。执业资格制度是政府对某种责任重大、社会通用性强、关系公共安全利益的专业技术工作实行的市场准入控制。它是专业技术人员从事某种专业技术工作学识、技术和能力的必备条件。建造师从事建造活动是一种执业行为，取得资格后可使用建造师名称，依法单独执行建造业务并承担法律责任。

项目经理是一种岗位职务，属于职业资格管理范畴，不是技术职称，也不是执业资格。项目经理从事项目管理活动，通过实行项目经理责任制履行岗位职责在授权范围内行使权力,并接受企业的监督考核。

(2) 建造师与项目经理从业覆盖面不同。

建造师执业资格的覆盖面较大,一旦取得建造师执业资格,提供工作服务的对象有多种选择,可以是建设单位(业主方)、施工单位(承包商),还可以是政府部门、融资代理、学校科研单位等,可从事相关专业的工程项目管理活动。

项目经理则不同,他限于企业和某一个特定的工程项目。

(3) 建造师与项目经理选择工作的权力不同。

建造师选择工作的权力相对自主,可在社会市场上有序流动,有较大的活动空间。

项目经理岗位是企业设定的,项目经理是由企业法人代表聘用或任命的一次性的授权管理和领导者。

(4) 建造师与项目经理的专业范围划分不同。

建造师执业资格分为一级和二级两个等级,专业分类详细。一级建造师专业范围:建筑工程、公路工程、铁路工程、民航机场工程、港口与航道工程、水利水电工程、市政公用工程、通信与广电工程、矿业工程、机电工程共计10个专业类别;二级建造师专业范围:建筑工程、公路工程、水利水电工程、市政公用工程、矿业工程和机电工程共计6个专业类别。

项目经理的资质分为A级、B级、C级和D级。

总之,注册建造师资格是担任大中型工程施工项目经理的一项必要性条件,是国家的强制性要求,在所承担的具体工程项目中行使项目经理职权。但注册建造师是否担任工程项目施工的项目经理,由企业自主决定,属于企业内部管理行为。所以,建造师和项目经理不能采取简单的取代和被取代的置换,而是有条件的补充。

4.1.3 项目经理的地位

施工项目经理从工程开工准备至竣工验收,对工程实施全过程、全面管理,在整个项目管理过程中起着举足轻重的作用。

(1) 施工项目经理是建筑企业法定代表人在施工项目上负责管理和合同履行的授权代理人,是项目实施阶段的第一责任人。

(2) 施工项目经理是协调各方面的关系,使之相互紧密协作、配合的桥梁和纽带。

(3) 施工项目经理对项目实施控制,是各种信息的集散中心。

(4) 施工项目经理是施工项目责、权、利的主体。

4.1.4 项目经理的选择

目前我国选择项目经理一般有以下三种形式:

(1) 自荐上岗：由本人提出申请，经企业人事部门依据《建设工程项目经理岗位职业资格管理导则》条件和要求审核，领导办公会议研究同意，由法定代表人签发项目经理聘任书。

(2) 委任上岗：根据《建设工程项目经理岗位职业资格管理导则》，经企业人事部门推荐，并征得本人同意，由法定代表人签发项目经理聘任书。

(3) 竞聘上岗：根据工程项目的需要，企业按照《建设工程项目经理岗位职业资格管理导则》和有关规定程序，向内部或外部发布招聘项目经理公告，并对报名参加竞选人进行考核、评价和选择，中选后由法定代表人签发项目经理聘任书。

选拔项目经理的程序和方法见图4-1。

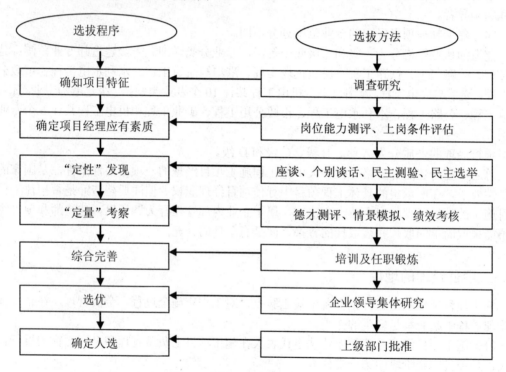

图4-1　选拔项目经理程序和方法

4.1.5　项目经理的责、权、利

项目经理应履行下列职责：
(1) 项目管理目标责任书规定的职责。
(2) 主持编制项目管理实施规划，并对项目目标进行系统管理。
(3) 对资源进行动态管理。

（4）建立各种专业管理体系并组织实施。
（5）进行授权范围内的利益分配。
（6）收集工程资料、准备结算资料、参与工程竣工验收。
（7）接受审计，处理项目经理部解体的善后工作。
（8）协助组织进行项目的检查、鉴定和评奖申报工作。

项目经理应具有下列权限：
（1）参与项目招标、投标和合同签订。
（2）参与组建项目经理部。
（3）主持项目经理部工作。
（4）决定授权范围内的项目资金的投入和使用。
（5）制定内部计酬办法。
（6）参与选择并使用具有相应资质的分包人。
（7）参与选择物资供应单位。
（8）在授权范围内协调与项目有关的内、外部关系。
（9）法定代表人授予的其他权力。

项目经理的利益：
（1）获得工资和奖励。
（2）项目完成后，按照项目管理目标责任书规定，经审计后给予奖励或处罚。
（3）获得评优表彰、记功等奖励。

4.1.6 建筑企业的资质等级及承包范围

2001年7月我国开始实行新的《建筑业企业资质等级标准》，标准中规定，我国建筑企业分为建筑工程总承包企业、专业承包企业和劳务分包企业三种。

（1）建筑施工总承包企业。

建筑施工总承包企业分为房屋建筑、公路、铁路、港口与航道、水利水电、电力、矿山、冶炼、化工石油、市政公用、通信、机电安装工程共计12个专业。房屋建筑工程总承包企业的资质标准划分及承包范围见附件4-3。

（2）专业承包企业。

专业承包企业分为地基与基础、土石方、建筑装修装饰、建筑幕墙工程等60个专业。其中地基与基础工程专业承包工程企业的资质标准划分及承包范围详见附件4-4。

（3）劳务分包企业。

劳务分包企业分为木工、砌筑、抹灰、石制、油漆、钢筋、混凝土、脚手架、模板、焊接、水暖电安装、钣金、架线作业共计13个工种。其中木工作业分包企业资质标准及承包范围详见附件4-5。

4.1.7 建筑工程施工项目规模等级划分

各类建设工程（包括公路、水利、电力、矿山、冶炼、石化、市政、机电等）规模的具体标准可参照《建造师执业资质考核认定实施细则》中《各专业大型和中型工程标准》执行，中型工程以下规模的工程均为小型工程。具体见表4-1和4-2。

表4-1 建设工程项目等级按规模划分

工程类别	总承包（A级）	大型（B级）	中型（C级）	小型（D级）
房屋建筑工程	大中型建设工程总承包项目	单体建筑面积在3万平米以上；群体工程10万平米以上	单体建筑面积在3万平米及其以下，1万平米及其以上；群体工程10万平米及其以下，5万平米及其以上	单体建筑面积在1万平米以下；群体工程5万平米以下

表4-2 建设工程项目等级按投资划分

工程类别	总承包（A级）	大型（B级）	中型（C级）	小型（D级）
各类工程	大中型建设工程总承包项目	投资在1亿元以上	投资在1亿元及其以下，且在3000万元及其以上	投资在3000万元以下

4.1.8 项目经理的岗位职业能力评价等级及项目管理范围

项目经理岗位能力评价主要是指对担任项目经理岗位的职业人员能否胜任本岗位工作素质、业绩以及综合能力的评价。项目经理的岗位职业能力评价按业务内容和工程承发包类型划分为A、B、C、D四个等级。

A级（工程总承包项目经理）标准和具备的条件：

（1）具有大学本科及以上文化程度、施工管理经历8年以上，或具有大专以上文化程度、施工管理经历10年以上。

（2）具有建设工程类相关注册执业资格（一级建造师、建筑师、结构工程师、造价工程师、监理工程师），或取得国际（工程）项目管理专业资质认证（IPMP）C级及以上证书，或取得英国皇家特许建造师副会员（ICIOB）及以上证书，并参加过工程总承包项目经理岗位职业能力培训。

（3）具有大型复杂工程项目管理经验，近5年内至少承担过两个以上大型相应类别工程的主要项目管理任务。

（4）能够根据工程项目特点，采取不同项目管理方法，圆满地完成建设工程项目各项任务。

（5）具备熟练的计算机应用能力和一定外语水平。

B级（工程咨询代建项目经理）标准和具备的条件：

（1）具有大学本科及以上文化程度、工程项目管理经历6年以上，或具有大专文化程度、工程项目管理经历8年以上。

（2）具有原一级项目经理、建设工程类相关注册执业资格（一级建造师、建筑师、结构工程师、造价工程师、监理工程师），或取得国际（工程）项目管理专业资质认证（IPMP）C级及以上证书，或取得英国皇家特许建造师副会员（ICIOB）及以上证书。

（3）具有大中型工程项目管理经验，近5年内至少承担过一个大型相应类别工程或两个及以上中型相应类别工程的主要项目管理任务。

（4）具备熟练的计算机应用能力和一定外语水平。

C级（施工项目经理）标准和具备的条件：

（1）具有大学本科及以上文化程度、施工管理经历3年以上，或具有大专文化程度、施工管理经历4年以上，或具有中专文化程度、施工管理经历6年以上。

（2）具有二级建造师或相应专业的执业资格。

（3）具有中型工程项目管理经验，近3年内至少承担过一个中型相应类别工程的主要项目管理任务。

（4）具有较好的计算机应用能力。

D级（小型工程项目经理）标准和必须具备的条件：

（1）具有大专及以上文化程度、施工管理经历2年以上，或中专文化程度、施工管理经历3年以上。

（2）参加过项目经理岗位职业能力培训。

（3）具有小型工程项目管理经验。

（4）具有计算机应用能力。

D级《建设工程项目经理岗位职业证书》持有者，自领取证书之日起，满2年后企业可根据本人申请和工作业绩申报晋升C级；

B、C级《建设工程项目经理岗位职业证书》持有者达到上一个等级条件的，可随时提出升级申请。

各级项目经理的专业管理范围是：

A级（工程总承包项目经理）：有能力担任国际、国内各类建设工程总承包项目或受发包人委托进行工程项目管理承包的项目经理。

B级（工程咨询代建项目经理）：有能力担任大型建设工程施工总承包项目或受发包人委托进行工程项目管理服务的项目经理。

C级（施工项目经理）：有能力担任中型建设工程项目施工承包、专业承包的项目经理。

D级（小型工程项目经理）：有能力担任小型建设工程项目施工承包、专业承包、劳务分包的项目经理。

4.1.9 项目经理的行业管理

《建设工程项目经理岗位职业资质证书》由中国建筑业协会统一印制,统一编号,各省、自治区、直辖市或有关行业建设协会指定机构考核发放,备案登记,联网公示,全国建设行业通用。《建设工程项目经理岗位职业能力证书》的使用满足下列要求:

(1) 建筑企业可将《建设工程项目经理岗位职业证书》作为选聘任用项目经理的条件之一。

(2) 建筑企业在工程招投标时,可按有关规定和需要向发包人出示《建设工程项目经理岗位职业证书》原件并提供复印件。

(3) 业主或发包人在考核建设工程承包人或项目管理公司及项目经理的资质和能力时,也可检验其岗位职业证书情况。

(4) 由各职业化建设管理机构负责《建设工程项目经理岗位职业证书》的管理。各职业化建设管理机构对取得各类《建设工程项目经理岗位职业证书》的人员进行登记注册上网公告,并对其实施职业指导、服务和管理。

《建设工程项目经理岗位职业证书》的升级。

(1) D 级《建设工程项目经理岗位职业证书》持有者,自领取证书之日起,满两年后企业可根据本人申请和工作业绩申报晋升 C 级;

(2) B、C 级《建设工程项目经理岗位职业证书》持有者达到上一个等级条件的,可随时提出升级申请。

对已取得《建设工程项目经理岗位职业证书》者,每 3 年需参加一次由建筑企业职业化培训机构组织的不少于 40 学时的继续教育,并由培训机构将培训与考核情况记录于参训项目经理的《建设工程项目经理岗位职业证书》继续教育栏目中。

4.2 建筑工程施工项目管理目标责任书

4.2.1 《项目管理目标责任书》的含义

《项目管理目标责任书》是企业法定代表人根据施工合同和经营管理目标要求明确规定项目经理部应达到的成本、质量、进度和安全等控制目标的文件。它是企业考核项目经理和项目经理部成员业绩的标准和依据,是项目经理的工作目标,同时也是明确企业管理层与项目经理部之间的工作关系、约束其各自工作行为的强制性规定。

4.2.2 《项目管理目标责任书》的内容

企业各业务部门与项目部之间的关系;

项目部使用作业队伍的方式；
项目所需材料和机械设备的供应方式；
项目所用劳务的组织形式；
项目的管理目标在企业制度规定以外的，由法定代表人根据项目的特殊需求向项目经理委托的事项；
企业对项目经理和项目经理部其他成员进行奖惩的依据、工作标准、奖惩方式和项目风险责任的承担；
项目经理离任的条件、程序及离任后的待遇和工作安排；
项目经理部解体的条件和方法以及解体后的善后工作。

4.3 项目经理部

项目经理部，是指建设工程项目经理在企业的领导和支持下组建，实施工程项目管理各项职能的一次性现场组织机构。它负责施工项目从开工到竣工的全过程施工生产经营的管理工作，既是企业在某一施工项目的管理层，又对劳务作业层负有管理与服务的双重职能。

4.3.1 项目经理部的作用

项目经理部是项目管理的工作班子，置于项目经理管理之下，在项目管理的过程中主要有以下几方面的功能：
（1）负责施工项目从开工到竣工的全过程施工生产经营的管理。
（2）对项目经理全面负责，既当好参谋，又要执行项目经理的决策。
（3）代表企业履行工程承包合同的主体，对最终建筑产品和业主全面、全过程负责。
（4）项目经理部是一个组织体，完成企业所赋予的项目管理和专业管理任务。

4.3.2 项目经理部的设立步骤

项目经理部一般遵循以下设立步骤：
（1）根据企业批准的《项目管理规划大纲》确定项目经理部的管理任务和组织形式。
（2）确定项目经理部的层次，设立职能部门与工作岗位。项目经理部的职能部门一般包括经营核算部门、工程技术部门、物资设备部门、监控管理部门和测试计量部门。
（3）根据部门和岗位进一步定人、定岗，划分各类人员的职责、权限，以及沟通途径和指令通道。
（4）在组织分工确定后，项目经理即应根据《项目管理目标责任书》对项目管理目标进行分解、细化，使得目标落实到岗、到人。

（5）在项目经理的指导下，进一步制定项目经理部的规章制度，做到责任具体、权利到位、利益明确。项目经理部的制度一般包括管理人员岗位责任制、项目技术管理制度以及质量、安全、成本核算制度等。

4.3.3 项目经理部的形式

项目管理的组织形式表述了经理部管理层次、管理跨度、部门设置及上下级之间的关系，应根据项目的特点进行选择，目前常见的组织形式有直线制、职能制、直线职能制、矩阵制等形式。

（1）直线制项目管理组织形式。该组织形式是最简单的一种组织机构形式，其特点是：组织中各种职务按垂直体系直线排列，各级主管人员对所属下级拥有直接指挥权，组织中每一个人只能向一个上级报告。项目管理组织中不再另设职能部门。一般适用于中小型工程。一般模式见图4-2。

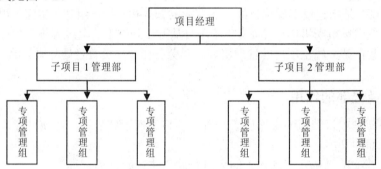

图4-2 直线制项目管理组织形式

（2）职能制项目管理组织形式。该组织形式的组织机构中设有一些职能部门。其特点是：各职能部门有权在其业务范围内直接指挥下级，向下级单位下达命令和指示。因此，下级直线主管除接受上级直线主管的领导外，必须接受上级各职能部门的领导和指示。适用于规模大，规模复杂的建设项目。一般模式见图4-3。

（3）直线职能制项目管理组织形式。该组织形式兼顾了直线制和职能制特点的组织形式。其特点是：直线部门的人员在其职责范围内有决定权，对其所属下级的工作进行指挥和命令；职能部门的人员仅是直线主管的参谋，只能对下级部门提供建议和业务指导，不能对下级部门进行直接指挥和发布命令。一般模式见图4-4。

（4）矩阵式项目管理组织形式。该组织形式将按职能划分的部门和按项目划分的部门结合起来组成一个矩阵，使同一名员工接受职能部门和项目管理组的双重领导。适用于大型、复杂的工程项目。一般模式见图4-5。

第4章 施工项目经理和项目经理部

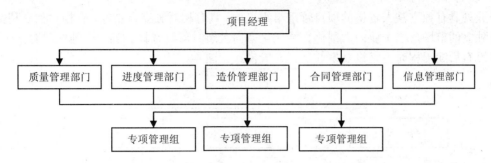

图 4-3　职能制项目管理组织形式

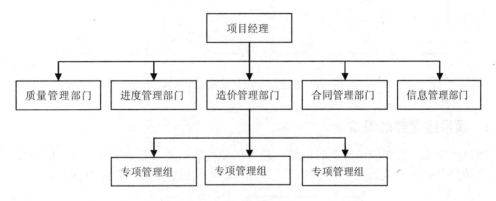

图 4-4　直线职能制项目管理组织形式

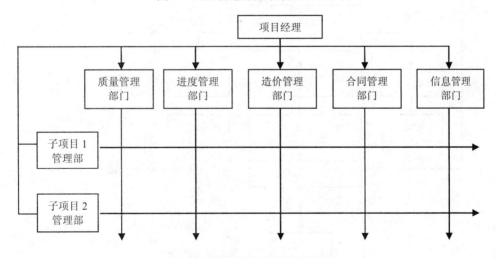

图 4-5　矩阵制项目管理组织形式

（5）事业部式管理组织形式。企业成立事业部，在企业内作为派往项目的管理班子，对企业外具有独立法人资格的项目管理组织机构,具有相对独立自主权,有相对独立利益,相对独立的市场。当企业向大型化、智能化方向发展时可以选择。当一个地区只有一个项目,没有后续工程时不宜设立事业部。一般模式见图4-6。

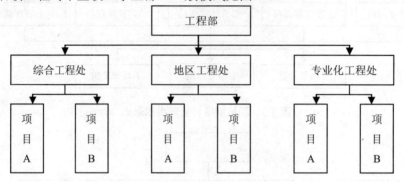

图4-6 事业部制项目管理组织形式

4.3.4 项目经理部的设置

项目经理部的设置应该遵循目的性、精干高效性等原则,做到因事设岗,因岗设人,精干高效,力求一专多能,一人多职。项目经理部组织设置的基本程序见图4-7。

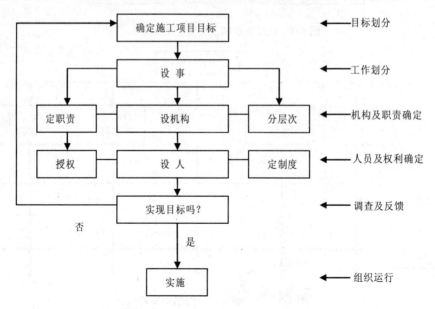

图4-7 项目经理部组织设置的基本程序

项目经理部的组织层次可以分为三层：

（1）决策层。以项目经理为首，以项目副经理、三总师参加的领导班子，施工项目在实施过程中的一切决策行为都集中于决策层，项目经理是核心。

（2）监督管理层。项目经理部中的各职能部门或部门负责人，如技术经理、安全保证经理等。监督管理层是施工项目具体实施的直接指挥者，并对劳务作业层按分包合同进行管理和监督。

（3）业务实施层。各职能部门领导所直接指挥的部门专业人员，是项目的底层管理者。

管理的跨度是指主管人员直接管理的下属的人数。管理的层次和跨度之间是反比关系。层次多，跨度会小；层次少，跨度会大。这就要根据领导者的能力和施工项目的大小进行权衡。跨度（N）与工作接触关系数（C）的关系公式如下所示：

$$C = N(2^{N-1} + N - 1)$$

这是有名的邱格纳斯公式，当 $N=6$ 时，$C=222$。故当跨度太大时，领导者及下属常会出现应接不暇之烦。组织机构设计时，必须使管理跨度适当。美国管理学家戴尔曾调查41家大企业，管理跨度的中位数是6～7人之间。对施工项目管理层来说，管理跨度更应尽量少些，以集中精力于施工管理。在鲁布格工程中，项目经理下属33人，分成了所长、科长、系长、工长四个层次，项目经理的跨度是5。项目经理在组建组织机构时，必须认真设计切实可行的跨度和层次，画出机构系统图，以便讨论、修正、按设计组建。

4.3.5 项目经理部的规模

目前国家对项目经理部的设置规模尚无具体规定。结合有关企业推行施工项目管理的实际，一般按项目的使用性质和规模分类。只有当施工项目的规模达到以下要求时才实行施工项目管理：1万平方米以上的公共建筑、工业建筑、住宅建设小区及其他工程项目投资在500万元以上的均实行项目管理。有些试点单位把项目经理部分为三个等级。

一级施工项目经理部：建筑面积为15万平方米以上的群体工程；面积在10万平方米以上（含10万平方米）的单体工程；投资在8000万元以上（含8000万元）的各类工程项目。

二级施工项目经理部：建筑面积在15万平方米以下，10万平方米以上（含10万平方米）的群体工程；面积在10万平方米以下，5万平方米以上（含5万平方米）的单体工程；投资在8000万元以下，3000万元以上（含3000万元）的各类施工项目。

三级施工项目经理部：建设总面积在10万平方米以下，2万平方米以上（含2万平方米）的群体工程；面积在5万平方米以下，1万平方米以上（含1万平方米）的单体工程；3000万元以下，500万元以上（含500万元）的各类施工项目。

建设总面积在2万平方米以下的群体工程，面积在1万平方米以下的单体工程，按照项目管理经理责任制有关规定，实行栋号承包。承包栋号的队伍，以栋号长为承包人，直接向公司（或工程部）经理负责。

4.3.6 项目经理部的管理制度

项目经理部的规章制度应包括下列各项：

项目管理人员岗位责任制度。确定各层次管理人员的职责、权限及工作要求。

项目技术管理制度。规定项目技术管理的系列文件，如图纸会审制度、技术组织措施、应用制度等。

项目质量管理制度。包括质量管理文件、质量检查制度等。

项目安全管理制度。安全教育制度、安全保证措施等。

项目计划、统计与进度管理制度。生产计划、进度计划等。

项目成本核算制度。

项目材料、机械设备管理制度。

项目现场管理制度。

项目分配与奖励制度。

项目例会及施工日志制度。

项目分包及劳务管理制度。

项目组织协调制度。

项目信息管理制度。

4.3.7 项目经理部的解体

项目经理部作为一次性的组织在工程项目实施后应该及时解体，以便根据项目的类型和特点，重新组建适合项目管理的新的项目经理部。

项目经理部在工程项目目标实现后应该及时解体，以便对其进行考核评价及合理组建新的项目经理部。项目经理部解体应该满足以下基本条件：

（1）工程项目已经竣工验收，已经验收单位确认并形成书面材料。

（2）与各分包单位已经结算完毕。

（3）已协助企业管理层与发包人签订了《工程质量保修书》。

（4）《项目管理目标责任书》已经履行完成，并经企业管理层审计合格。

（5）已与企业管理层办理了有关手续。

（6）现场最后清理完毕。

施工项目经理部解体程序与善后工作：

（1）企业工程管理部门是施工项目经理部组建和解体善后工作的主管部门，主要负责项目经理部的组建及解体后工程项目在保修期间的善后问题处理。

（2）施工项目在全部竣工交付验收签字之日起15天内，项目经理部要根据工作需要向企业工程管理部写出项目经理部解体申请报告，同时向各业务系统提出本部善后留用和解体合同人员的名单及时间，经有关部门审核批准后执行。

（3）项目经理部在解聘工作业务人员时，为使其有一定的求职时间，要提前发给解聘人员两个月的岗位效益工资。

（4）项目经理部解体前，应成立以项目经理为首的善后工作小组，其留守人员由主任、工程师、技术、预算、财务、材料各一人组成，主要负责剩余材料的处理，工程价款的回收，财务账目的结算移交，用以解决与甲方的有关遗留事宜。善后工作一般规定为3个月（从工程管理部门批准项目经理部解体之日起计算）。

（5）施工项目完成后，还要考虑该项目的保修问题，因此在项目经理部解体与工程结算前，要由经营和工程部门根据竣工时间和质量等级确定工程保修费的预留比例。

附件 4-1 《建造师执业资格制度暂行规定》（人发[2002]111 号）

第一章 总则

第一条 为了加强建设工程项目管理，提高工程项目总承包及施工管理专业技术人员素质，规范施工管理行为，保证工程质量和施工安全，根据《中华人民共和国建筑法》、《建设工程质量管理条例》和国家有关职业资格证书制度的规定，制定本规定。

第二条 本规定适用于从事建设工程项目总承包、施工管理的专业技术人员。

第三条 国家对建设工程项目总承包和施工管理关键岗位的专业技术人员实行执业资格制度，纳入全国专业技术人员执业资格制度统一规划。

第四条 建造师分为一级建造师和二级建造师。

英文分别译为：Constructor 和 Associate Constructor。

第五条 人事部、建设部共同负责国家建造师执业资格制度的实施工作。

第二章 考试

第六条 一级建造师执业资格实行统一大纲、统一命题、统一组织的考试制度，由人事部、建设部共同组织实施，原则上每年举行一次考试。

第七条 建设部负责编制一级建造师执业资格考试大纲和组织命题工作，统一规划建造师执业资格的培训等有关工作。

培训工作按照培训与考试分开、自愿参加的原则进行。

第八条 人事部负责审定一级建造师执业资格考试科目、考试大纲和考试试题，组织实施考务工作；会同建设部对考试考务工作进行检查、监督、指导和确定合格标准。

第九条 一级建造师执业资格考试，分综合知识与能力和专业知识与能力两个部分。其中，专业知识与能力部分的考试，按照建设工程的专业要求进行，具体专业划分由建设部另行规定。

第十条 凡遵守国家法律、法规，具备下列条件之一者，可以申请参加一级建造师执业资格考试：

（一）取得工程类或工程经济类大学专科学历，工作满 6 年，其中从事建设工程项目施工管理工作满 4 年。

（二）取得工程类或工程经济类大学本科学历，工作满4年，其中从事建设工程项目施工管理工作满3年。

（三）取得工程类或工程经济类双学士学位或研究生班毕业，工作满3年，其中从事建设工程项目施工管理工作满两年。

（四）取得工程类或工程经济类硕士学位，工作满两年，其中从事建设工程项目施工管理工作满1年。

（五）取得工程类或工程经济类博士学位，从事建设工程项目施工管理工作满1年。

第十一条 参加一级建造师执业资格考试合格，由各省、自治区、直辖市人事部门颁发人事部统一印制，人事部、建设部用印的《中华人民共和国一级建造师执业资格证书》。该证书在全国范围内有效。

第十二条 二级建造师执业资格实行全国统一大纲，各省、自治区、直辖市命题并组织考试的制度。

第十三条 建设部负责拟定二级建造师执业资格考试大纲，人事部负责审定考试大纲。

各省、自治区、直辖市人事厅（局），建设厅（委）按照国家确定的考试大纲和有关规定，在本地区组织实施二级建造师执业资格考试。

第十四条 凡遵纪守法并具备工程类或工程经济类中等专科以上学历并从事建设工程项目施工管理工作满两年，可报名参加二级建造师执业资格考试。

第十五条 二级建造师执业资格考试合格者，由省、自治区、直辖市人事部门颁发由人事部、建设部统一格式的《中华人民共和国二级建造师执业资格证书》。该证书在所在行政区域内有效。

第三章 注册

第十六条 取得建造师执业资格证书的人员，必须经过注册登记，方可以建造师名义执业。

第十七条 建设部或其授权的机构为一级建造师执业资格的注册管理机构。省、自治区、直辖市建设行政主管部门或其授权的机构为二级建造师执业资格的注册管理机构。

第十八条 申请注册的人员必须同时具备以下条件：

（一）取得建造师执业资格证书；

（二）无犯罪记录；

（三）身体健康，能坚持在建造师岗位上工作；

（四）经所在单位考核合格。

第十九条 一级建造师执业资格注册，由本人提出申请，由各省、自治区、直辖市建设行政主管部门或其授权的机构初审合格后，报建设部或其授权的机构注册。准予注册的申请人，由建设部或其授权的注册管理机构发放由建设部统一印制的《中华人民共和国一级建造师注册证》。

二级建造师执业资格的注册办法，由省、自治区、直辖市建设行政主管部门制定，颁发辖区内有效的《中华人民共和国二级建造师注册证》，并报建设部或其授权的注册管理机构备案。

第二十条 人事部和各级地方人事部门对建造师执业资格注册和使用情况有检查、监督的责任。

第二十一条 建造师执业资格注册有效期一般为3年，有效期满前3个月，持证者应到原注册管理机构办理再次注册手续。在注册有效期内，变更执业单位者，应当及时办理变更手续。

再次注册者，除应符合本规定第十八条规定外，还须提供接受继续教育的证明。

第二十二条 经注册的建造师有下列情况之一的,由原注册管理机构注销注册:

(一) 不具有完全民事行为能力的。

(二) 受刑事处罚的。

(三) 因过错发生工程建设重大质量安全事故或有建筑市场违法违规行为的。

(四) 脱离建设工程施工管理及其相关工作岗位连续两年(含两年)以上的。

(五) 同时在两个及以上建筑业企业执业的。

(六) 严重违反职业道德的。

第二十三条 建设部和省、自治区、直辖市建设行政主管部门应当定期公布建造师执业资格的注册和注销情况。

第四章 职责

第二十四条 建造师经注册后,有权以建造师名义担任建设工程项目施工的项目经理及从事其他施工活动的管理。

第二十五条 建造师在工作中,必须严格遵守法律、法规和行业管理的各项规定,恪守职业道德。

第二十六条 建造师的执业范围:

(一) 担任建设工程项目施工的项目经理。

(二) 从事其他施工活动的管理工作。

(三) 法律、行政法规或国务院建设行政主管部门规定的其他业务。

第二十七条 一级建造师的执业技术能力:

(一) 具有一定的工程技术、工程管理理论和相关经济理论水平,并具有丰富的施工管理专业知识。

(二) 能够熟练掌握和运用与施工管理业务相关的法律、法规、工程建设强制性标准和行业管理的各项规定。

(三) 具有丰富的施工管理实践经验和资历,有较强的施工组织能力,能保证工程质量和安全生产。

(四) 有一定的外语水平。

第二十八条 二级建造师的执业技术能力:

(一) 了解工程建设的法律、法规、工程建设强制性标准及有关行业管理的规定。

(二) 具有一定的施工管理专业知识。

(三) 具有一定的施工管理实践经验和资历,有一定的施工组织能力,能保证工程质量和安全生产。

第二十九条 按照建设部颁布的《建筑业企业资质等级标准》,一级建造师可以担任特级、一级建筑业企业资质的建设工程项目施工的项目经理;二级建造师可以担任二级及以下建筑业企业资质的建设工程项目施工的项目经理。

第三十条 建造师必须接受继续教育,更新知识,不断提高业务水平。

第五章 附则

第三十一条 国家在实施一级建造师执业资格考试之前,对长期在建设工程项目总承包及施工管理岗位上工作，具有较高理论水平与丰富实践经验，并受聘高级专业技术职务的人员，可通过考核认定办法取得建造师执业资格证书。考核认定办法由人事部、建设部另行制定。

第三十二条 建造师的专业划分、建设工程项目施工管理关键岗位的确定和具体执业要求由建设部另行规定。

第三十三条 二级建造师执业资格的管理，由省、自治区、直辖市人事部门、建设行政主管部门根据国家有关规定，制定具体办法，组织实施，并分别报人事部、建设部备案。

第三十四条 经国务院有关部门同意，获准在中华人民共和国境内从事建设工程项目施工管理的外籍及港、澳、台地区的专业人员，符合本规定要求的，也可报名参加建造师执业资格考试以及申请注册。

第三十五条 本规定由人事部和建设部按职责分工负责解释。

第三十六条 本规定自发布之日30日后施行。

附件 4-2 《建设工程项目经理岗位职业行业管理导则》

1. 总则

1.1 为全面推进建筑企业职业化建设，进一步深化项目经理责任制，培养建设一支高素质、职业化的建设工程项目经理（以下简称项目经理）队伍，建立完善项目经理岗位职业行业管理机制，依据《建设工程项目管理规范》及国务院建设行政主管部门、中国建筑业协会有关文件精神，制定本导则。

1.2 项目经理岗位职业行业管理是建筑（建设）行业协会依据国家有关法律、法规、政策和职业道德实施的管理，是项目经理个人在工程项目管理活动中应遵循的行为规范，也是项目经理诚信建设的组织基础与机制保障。

1.3 项目经理岗位职业行业管理按照"统一标准、自愿申报、社会培训、行业考核、企业任用、市场认可、编号登录、颁发证书"的原则实施。

1.4 中国建筑业协会及各有关行业建设协会所属会员在工程项目管理活动中的行为受本导则约束。

1.5 受各有关行业建设协会委托，中国建筑业协会建筑企业职业经理人评价与资质认证办公室（以下简称认证办公室）作为项目经理岗位职业行业管理的组织协调机构，牵头负责项目经理岗位职业行业管理的指导、服务和监督。各省市、各行业建筑（建设）协会、国资委管理的建筑企业设立的建筑企业职业化建设管理机构（以下简称职业化建设管理机构）是行业管理的直接管理组织，负责本地区、本行业的项目经理岗位职业行业管理的指导、服务和监督。

1.6 认证办公室、各建筑企业职业化管理机构在建设行政主管部门的指导、监督下，应充分发挥行业管理的主导作用，加强自身建设，正确行使行业管理职能，维护会员合法权益，把服务贯彻到对行业指导、管理的整个过程。

2. 有关定义

2.1 行业管理，是指行业协会代表企业的整体意志对业内企业进行的自律管理。主要工作是围绕规范市场秩序，健全各项自律性管理制度，制订并组织实施行业职业道德准则，大力推动行业诚信建设，建立完善行业自律性管理约束机制，规范会员行为，协调会员关系，维护公平竞争的市场环境。

2.2 建设工程项目经理（以下简称项目经理），从职业角度，是指企业为建立以项目经理责任制为核心，对建设工程实行质量、安全、进度、成本、环保管理的责任保证体系和全面提高工程项目管理水平设立的重要管理岗位；从从业角度，是企业法定代表人在某一建设工程项目上的授权委托代理人。

2.3 岗位职业能力评价：主要是指对担任项目经理岗位的职业人员能否胜任本岗位工作素质、业绩以及综合能力的评价。

3．项目经理的岗位职业能力评价等级

3.1 项目经理的岗位职业能力评价等级

项目经理的岗位职业能力评价按业务内容和工程承发包类型划分为 A、B、C、D 四个等级。

A 级（工程总承包项目经理）：有能力担任国际、国内各类建设工程总承包项目或受发包人委托进行工程项目管理承包的项目经理；

B 级（工程咨询代建项目经理）：有能力担任大型建设工程施工总承包项目或受发包人委托进行工程项目管理服务的项目经理；

C 级（施工项目经理）：有能力担任中型建设工程项目施工承包、专业承包的项目经理；

D 级（小型工程项目经理）：有能力担任小型建设工程项目施工承包、专业承包、劳务分包的项目经理。

工程项目规模参照原建设部《注册建造师执业工程规模标准（试行）》（建市[2007]171 号）。

3.2 项目经理的职业道德

敬业（恪尽职守、忠实履约）；守法（奉公守法、清正廉洁）；诚信（求真务实、以义取利）；奉献（甘于奉献、服务为荣）。

3.3 项目经理应具备下列素质：

（1）符合项目管理要求的能力，善于进行组织协调与沟通；

（2）相应的项目管理经验和业绩；

（3）项目管理需要的专业技术、管理、经济、法律和法规知识；

（4）良好的职业道德和团队协作精神，遵纪守法，爱岗敬业，诚信尽责；

（5）身体健康。

3.4 项目经理必须具备的条件

3.4.1 A 级（工程总承包项目经理）标准和具备的条件：

（1）具有大学本科及以上文化程度、施工管理经历 8 年以上，或具有大专以上文化程度、施工管理经历 10 年以上；

（2）具有建设工程类相关注册执业资格（一级建造师、建筑师、结构工程师、造价工程师、监理工程师），或取得国际（工程）项目管理专业资质认证（IPMP）C 级及以上证书，或取得英国皇家特许建造师副会员（ICIOB）及以上证书，并参加过工程总承包项目经理岗位职业能力培训；

（3）具有大型复杂工程项目管理经验，近 5 年内至少承担过两个以上大型相应类别工程的主要项目管理任务；

（4）能够根据工程项目特点，采取不同项目管理方法，圆满地完成建设工程项目各项任务；

（5）具备熟练的计算机应用能力和一定外语水平。

3.4.2 B级（工程咨询代建项目经理）标准和具备的条件：

（1）具有大学本科及以上文化程度、工程项目管理经历6年以上，或具有大专文化程度、工程项目管理经历8年以上；

（2）具有原一级项目经理、建设工程类相关注册执业资格（一级建造师、建筑师、结构工程师、造价工程师、监理工程师），或取得国际（工程）项目管理专业资质认证（IPMP）C级及以上证书，或取得英国皇家特许建造师副会员（ICIOB）及以上证书；

（3）具有大中型工程项目管理经验，近5年内至少承担过一个大型相应类别工程或两个及两个以上中型相应类别工程的主要项目管理任务；

（4）具备熟练的计算机应用能力和一定外语水平。

3.4.3 C级（施工项目经理）标准和具备的条件：

（1）具有大学本科及以上文化程度、施工管理经历3年以上，或具有大专文化程度、施工管理经历4年以上，或具有中专文化程度、施工管理经历6年以上；

（2）具有二级建造师或相应专业的执业资格；

（3）具有中型工程项目管理经验，近3年内至少承担过一个中型相应类别工程的主要项目管理任务；

（4）具有较好的计算机应用能力。

3.4.4 D级（小型工程项目经理）标准和必须具备的条件：

（1）具有大专及以上文化程度、施工管理经历两年以上，或中专文化程度、施工管理经历3年以上；

（2）参加过项目经理岗位职业能力培训；

（3）具有小型工程项目管理经验；

（4）具有计算机应用能力。

4．项目经理的培训与申报

4.1 培训目的。为保证项目经理进一步掌握岗位所需建设工程项目管理专业的理论、知识、方法、技术，完善知识结构，了解我国建筑业发展走势，掌握工程项目管理新理念，提高实践能力与管理水平，对项目经理必须进行岗位职业能力培训。重点加强对A级和D级项目经理申请人的培训。

4.2 培训机构。为认证办公室备案确认的建筑企业职业化培训机构。

4.3 培训合格证书。由培训机构按照《建设工程项目经理职业化培训大纲》进行培训，经考核合格后，相应颁发由认证办公室统一印制的《建设工程项目经理岗位职业能力培训合格证书》。

4.4 项目经理的申报与评价

4.4.1 《建设工程项目经理岗位职业证书》采取自愿申报的原则，申报人员必须符合本导则3.4条中相应级别的项目经理标准及具备的条件。

4.4.2 符合申报条件的申请人员向其人事关系所在企业提交《建设工程项目经理岗位职业证书申报表》和相关申报证明材料，经企业初审合格后，统一报送所在省级建筑业协会或有关行业建设协会设立的建筑企业职业化建设管理机构进行审核。

4.4.3 企业对项目经理申请人员进行初审时，也可参照下表进行量化考核：

考核内容	知识能力	综合素质	工程业绩	职业道德	身体条件
分　值	25分	30分	25分	10分	10分

考核内容包括：

（1）知识能力：学历，专业，其他教育，语言文字表达能力，项目管理知识，法律知识，计算机应用能力，外语水平；

（2）综合素质：领导艺术，管理理念，沟通协调能力，业务谈判技巧，风险识别与创新能力，解决突发问题能力；

（3）工程业绩：工作经历，此前负责的工程项目主要业绩与贡献；

（4）职业道德：思想觉悟，遵纪守法，爱岗敬业，诚信尽责，服务意识；

（5）身体条件：身体健康，精力充沛。

考核总分数在70分（含70分）以上即可推荐申报。

4.4.4　各职业化建设管理机构依据本导则和结合本地区、本行业实际制定的《建设工程项目经理岗位职业能力考核评价实施细则》，对申报人员进行评价，评价通过后向认证办公室领取《建设工程项目经理岗位职业证书》。

4.4.5　《建设工程项目经理岗位职业证书》由中国建筑业协会统一印制，统一编号，备案登记，联网公告，全国建设行业通用，有效期为6年。

5．项目经理行业管理

5.1　《建设工程项目经理岗位职业能力证书》的使用

（1）建筑企业可将《建设工程项目经理岗位职业证书》作为选聘任用项目经理的条件之一；

（2）建筑企业在工程招投标时，可按有关规定和需要向发包人出示《建设工程项目经理岗位职业证书》原件并提供复印件；

（3）业主或发包人在考核建设工程承包人或项目管理公司及项目经理的资质和能力时，也可检验其岗位职业证书情况。

5.2　由各职业化建设管理机构负责《建设工程项目经理岗位职业证书》的管理。各职业化建设管理机构对取得各类《建设工程项目经理岗位职业证书》的人员进行登记注册上网公告，并对其实施职业指导、服务和管理。

5.3　《建设工程项目经理岗位职业证书》的升级

5.3.1　D级《建设工程项目经理岗位职业证书》持有者，自领取证书之日起，满两年后企业可根据本人申请和工作业绩申报晋升C级；

5.3.2　B、C级《建设工程项目经理岗位职业证书》持有者达到上一个等级条件的，可随时提出升级申请。

5.4　对已取得《建设工程项目经理岗位职业证书》者，每3年需参加一次由建筑企业职业化培训机构组织的不少于40学时的继续教育，并由培训机构将培训与考核情况记录于参训项目经理的《建设工程项目经理岗位职业证书》继续教育栏目中。

5.5 《建设工程项目经理岗位职业证书》的考核及检查

5.5.1 由本企业项目经理管理部门每三年对《建设工程项目经理岗位职业证书》持有者进行一次考核。

5.5.2 为切实加强行业管理，严肃和规范证书管理，根据需要认证办公室将协同有关建筑（建设）协会对《建设工程项目经理岗位职业证书》的颁发、使用以及项目经理继续教育等情况，不定期地进行调研和检查。

6. 项目经理的选聘和任用

建筑企业根据工程项目的规模与特点，可依据本导则采取以下三种方式择优选聘项目经理：

6.1 自荐上岗：由本人提出申请，经企业项目经理管理部门考核，领导办公会议研究同意，由法定代表人签发项目经理聘任书聘任上岗。

6.2 委任上岗：企业项目经理管理部门推荐，本人同意，由法定代表人签发项目经理聘任书聘任上岗。

6.3 竞聘上岗：企业根据工程项目合同条件和内部招标管理与有关规定程序进行公开竞聘，中选后由法定代表人签发项目经理聘任书聘任上岗。

6.4 工程项目完成后，企业应将项目经理工程项目管理的业绩和最终考评结果记入《建设工程项目经理诚信档案》。

7. 项目经理的责任、权限和利益

7.1 项目经理应履行下列职责：

（1）项目管理目标责任书规定的职责；

（2）主持编制项目管理实施规划，并对项目目标进行系统管理；

（3）对资源进行动态管理；

（4）建立各种专业管理体系并组织实施；

（5）进行授权范围内的利益分配；

（6）收集工程资料，准备结算资料，参与工程竣工验收；

（7）接受审计，处理项目经理部解体的善后工作；

（8）协助组织进行项目的检查、鉴定和评奖申报工作。

7.2 项目经理应具有下列权限：

（1）参与项目招标、投标和合同签订；

（2）参与组建项目经理部；

（3）主持项目经理部工作；

（4）决定授权范围内的项目资金的投入和使用；

（5）制定内部计酬办法；

（6）参与选择并使用具有相应资质的分包人；

（7）参与选择物资供应单位；

（8）在授权范围内协调与项目有关的内、外部关系；

（9）法定代表人授予的其他权力。

7.3 项目经理的利益

(1) 获得工资和奖励;

(2) 项目完成后,按照项目管理目标责任书规定,经审计后给予奖励或处罚;

(3) 获得评优表彰、记功等奖励。

7.4 项目经理的奖励

7.4.1 中国建筑业协会理事会、各省市、各行业建筑(建设)协会理事会设立相关机构,负责行业管理的奖励与惩戒事宜。其具体职能是:制定行业奖励、惩戒办法,组织行业评比,受理投诉,审议调查结论。

7.4.2 项目经理的行业奖励

(1) 项目经理承建的工程项目被评为国家鲁班奖及省部级和有关建筑(建设)协会优质工程奖,或相当于省部级和有关行业建设协会颁发的工程项目管理奖项者,其所在企业和所属行业建筑(建设)协会可推荐其参评全国建筑业企业优秀项目经理、中国国际杰出项目经理。

(2) 凡担任过五个以上大型建设工程项目,且在工程项目管理中做出突出贡献并无重大质量安全事故,其从事工程项目管理年限在 20 年(含 20 年)以上的项目经理,经企业推荐,可由中国建筑业协会工程项目管理专业委员会颁发项目管理优秀工作者荣誉证书。

7.5 项目经理的惩戒

7.5.1 对出现以下行为的项目经理,其岗位职业能力等级降低一级:

(1) 发生违法行为的;

(2) 发生一般以上安全事故或严重质量事故的;

(3) 工作失职,致使项目亏损严重的。

7.5.2 对出现以下行为的项目经理,取消其《建设工程项目经理岗位职业能力证书》:

(1) 弄虚作假或以不正当手段取得《建设工程项目经理岗位职业能力证书》的;

(2) 降低岗位职业能力等级期间再次发生工程建设重大事故的。

8. 行业监督

8.1 认证办公室负责组织制订、完善行规行约,对各职业化管理机构和会员执行行规行约情况进行指导、监督。

8.2 各职业化建设管理机构组织制订行规、行约实施办法及相应配套制度,指导监督项目经理自律情况。

8.3 建筑企业按照行规行约和实施办法,建立相应机制对项目经理自律情况进行定期考评。

8.4 中国建筑业协会和各行业建设协会的理事会对认证办公室、职业化建设管理机构、建筑企业所实施的自律管理情况进行监督。

9. 附则

本导则自颁布之日起施行,原建协[2006]7 号文同时废止。

本导则由中国建筑业协会建筑企业职业经理人评价与资质认证办公室负责解释。

附件 4-3　房屋建筑工程施工总承包企业资质等级标准

房屋建筑工程施工总承包企业资质分为特级、一级、二级、三级。

特级资质标准：
1．企业注册资本金 3 亿元以上。
2．企业净资产 3.6 亿元以上。
3．企业近 3 年年平均工程结算收入 15 亿元以上。
4．企业其他条件均达到一级资质标准。

一级资质标准：
1．企业近 5 年承担过下列 6 项中的 4 项以上工程的施工总承包或主体工程承包，工程质量合格。
（1）25 层以上的房屋建筑工程；
（2）高度 100 米以上的构筑物或建筑物；
（3）单体建筑面积 3 万平方米以上的房屋建筑工程；
（4）单跨跨度 30 米以上的房屋建筑工程；
（5）建筑面积 10 万平方米以上的住宅小区或建筑群体；
（6）单项建安合同额 1 亿元以上的房屋建筑工程。

2．企业经理具有 10 年以上从事工程管理工作经历或具有高级职称；总工程师具有 10 年以上从事建筑施工技术管理工作经历并具有本专业高级职称；总会计师具有高级会计职称；总经济师具有高级职称。

企业有职称的工程技术和经济管理人员不少于 300 人，其中工程技术人员不少于 200 人；工程技术人员中，具有高级职称的人员不少于 10 人，具有中级职称的人员不少于 60 人。

企业具有的一级资质项目经理不少于 12 人。

3．企业注册资本金 5000 万元以上，企业净资产 6000 万元以上。
4．企业近 3 年最高年工程结算收入 2 亿元以上。
5．企业具有与承包工程范围相适应的施工机械和质量检测设备。

二级资质标准：
1．企业近 5 年承担过下列 6 项中的 4 项以上工程的施工总承包或主体工程承包，工程质量合格。
（1）12 层以上的房屋建筑工程；
（2）高度 50 米以上的构筑物或建筑物；
（3）单体建筑面积 1 万平方米以上的房屋建筑工程；
（4）单跨跨度 21 米以上的房屋建筑工程；
（5）建筑面积 5 万平方米以上的住宅小区或建筑群体；
（6）单项建安合同额 3000 万元以上的房屋建筑工程。

2．企业经理具有 8 年以上从事工程管理工作经历或具有中级以上职称；技术负责人具有 8 年以上从事建筑施工技术管理工作经历并具有本专业高级职称；财务负责人具有中级以上会计职称。

企业有职称的工程技术和经济管理人员不少于 150 人，其中工程技术人员不少于 100 人；工程技术人员中，具有高级职称的人员不少于2人，具有中级职称的人员不少于20人。

企业具有的二级资质以上项目经理不少于12人。

3．企业注册资本金2000万元以上，企业净资产2500万元以上。

4．企业近3年最高年工程结算收入8000万元以上。

5．企业具有与承包工程范围相适应的施工机械和质量检测设备。

三级资质标准：

1．企业近5年承担过下列5项中的3项以上工程的施工总承包或主体工程承包，工程质量合格。

（1）6层以上的房屋建筑工程；

（2）高度25米以上的构筑物或建筑物；

（3）单体建筑面积5000平方米以上的房屋建筑工程；

（4）单跨跨度15米以上的房屋建筑工程；

（5）单项建安合同额500万元以上的房屋建筑工程。

2．企业经理具有5年以上从事工程管理工作经历；技术负责人具有5年以上从事建筑施工技术管理工作经历并具有本专业中级以上职称；财务负责人具有初级以上会计职称。

企业有职称的工程技术和经济管理人员不少于50人，其中工程技术人员不少于30人；工程技术人员中，具有中级以上职称的人员不少于10人。

企业具有的三级资质以上项目经理不少于10人。

3．企业注册资本金600万元以上，企业净资产700万元以上。

4．企业近3年最高年工程结算收入2400万元以上。

5．企业具有与承包工程范围相适应的施工机械和质量检测设备。

承包工程范围：

特级企业：可承担各类房屋建筑工程的施工。

一级企业：可承担单项建安合同额不超过企业注册资本金5倍的下列房屋建筑工程的施工。

（1）40层及以下、各类跨度的房屋建筑工程；

（2）高度240米及以下的构筑物；

（3）建筑面积20万平方米及以下的住宅小区或建筑群体。

二级企业：可承担单项建安合同额不超过企业注册资本金5倍的下列房屋建筑工程的施工。

（1）28层及以下、单跨跨度36米及以下的房屋建筑工程；

（2）高度120米及以下的构筑物；

（3）建筑面积12万平方米及以下的住宅小区或建筑群体。

三级企业：可承担单项建安合同额不超过企业注册资本金5倍的下列房屋建筑工程的施工。

（1）14层及以下、单跨跨度24米及以下的房屋建筑工程；

（2）高度70米及以下的构筑物；

（3）建筑面积6万平方米及以下的住宅小区或建筑群体。

注：房屋建筑工程是指工业、民用与公共建筑（建筑物、构筑物）工程。工程内容包括地基与基础工

程、土石方工程、结构工程、屋面工程、内、外部的装修装饰工程、上下水、供暖、电器、卫生洁具、通风、照明、消防、防雷等安装工程。

附件 4-4 地基与基础工程专业承包企业资质等级标准

地基与基础工程专业承包企业资质分为一级、二级、三级。

一级资质标准：

1．企业近 5 年承担过下列 5 项中的 3 项以上所列工程的施工，工程质量合格。

（1）25 层以上房屋建筑或高度超过 100 米构筑物的地基与基础工程；

（2）深度超过 15 米的软弱地基处理；

（3）单桩承受荷载在 6 000KN 以上的地基与基础工程；

（4）深度超过 11 米的深大基坑围护及土石方工程；

（5）单项工程造价 500 万元以上地基与基础工程两个或 200 万元以上地基与基础工程 4 个。

2．企业经理具有 10 年以上从事工程管理工作经历或具有高级职称；总工程师具有 10 年以上从事地基与基础施工技术管理工作经历并具有相关专业高级职称；总会计师具有中级以上会计职称。

企业有职称的工程技术和经济管理人员不少于 60 人，其中工程技术人员不少于 50 人；工程技术人员中，地下、岩土、机械等专业人员不少于 25 人，具有中级以上职称的人员不少于 20 人。

企业具有的一级资质项目经理不少于 6 人。

3．企业注册资本金 1500 万元以上，企业净资产 1800 万元以上。

4．企业近 3 年最高年工程结算收入 5000 万元以上。

5．企业具有专用施工设备 20 台以上和相应的运输、检测设备。

二级资质标准：

1．企业近 5 年承担过下列 4 项中的两项以上所列工程的施工，工程质量合格。

（1）12 层以上房屋建筑或高度超过 60 米构筑物的地基与基础工程；

（2）深度超过 13 米的软弱地基处理；

（3）深度超过 8 米的深大基坑围护及土石方工程；

（4）单项工程造价 500 万元以上地基与基础工程 1 个或 200 万元以上地基与基础工程两个。

2．企业经理具有 8 年以上从事工程管理工作经历或具有中级以上职称；技术负责人具有 8 年以上从事地基与基础施工技术管理工作经历并具有相关专业高级职称；财务负责人具有中级以上会计职称。

企业有职称的工程技术和经济管理人员不少于 40 人，其中工程技术人员不少于 30 人；工程技术人员中，地下、岩土、机械等专业人员不少于 15 人，具有中级以上职称的人员不少于 10 人。

企业具有的二级资质以上项目经理不少于 6 人。

3．企业注册资本金 800 万元以上，企业净资产 1 000 万元以上。

4．企业近 3 年最高年工程结算收入 2 000 万元以上。

5．企业具有专用施工设备 10 台以上和相应的运输、检测设备。

三级资质标准：

1. 企业近 5 年承担过下列 4 项中的两项以上所列工程的施工，工程质量合格。

（1）6 层以上房屋建筑物的工程或高度超过 25 米构筑物的地基与基础工程；

（2）软弱地基处理；

（3）地基与基础混凝土浇筑量累计 1 万立方米以上；

（4）单项工程造价 100 万元以上地基与基础工程。

2. 企业经理具有 3 年以上从事工程管理工作经历；技术负责人具有 3 年以上从事地基与基础施工技术管理工作经历并具有相关专业中级以上职称；财务负责人具有初级以上会计职称。

企业有职称的工程技术和经济管理人员不少于 20 人，其中工程技术人员不少于 15 人；工程技术人员中，地下、岩土、机械等专业人员不少于 10 人，具有中级以上职称的人员不少于 5 人。

企业具有的三级资质以上项目经理不少于 3 人。

3．企业注册资本金 300 万元以上，企业净资产 350 万元以上。

4．企业近 3 年最高年工程结算收入 500 万元以上。

5．企业具有专用施工设备 6 台以上和相应的运输、检测设备。

承包工程范围：

一级企业：可承担各类地基与基础工程的施工。

二级企业：可承担工程造价 1 000 万元及以下各类地基与基础工程的施工。

三级企业：可承担工程造价 300 万元及以下各类地基与基础工程的施工。

附件 4-5　木工作业分包企业资质标准

木工作业分包企业资质分为一级、二级。

一级资质标准：

1. 企业注册资本金 30 万元以上。

2. 企业具有相关专业技术员或本专业高级工以上的技术负责人。

3. 企业具有初级以上木工不少于 20 人，其中，中、高级工不少于 50%；企业作业人员持证上岗率 100%。

4. 企业近 3 年最高年完成劳务分包合同额 100 万元以上。

5. 企业具有与作业分包范围相适应的机具。

二级资质标准：

1. 企业注册资本金 10 万元以上。

2. 企业具有本专业高级工以上的技术负责人。

3. 企业具有初级以上木工不少于 10 人，其中，中、高级工不少于 50%；企业作业人员持证上岗率 100%。

4. 企业近 3 年承担过两项以上木工作业分包，工程质量合格。

5. 企业具有与作业分包范围相适应的机具。

作业分包范围：

一级企业：可承担各类工程的木工作业分包业务，但单项业务合同额不超过企业注册资本金的 5 倍。

二级企业：可承担各类工程的木工作业分包业务，但单项业务合同额不超过企业注册资本金的 5 倍。

4.4 思考题

1. 项目经理的责、权、利。
2. 项目经理的岗位能力评价等级。
3. 项目经理部的组织形式。

第5章 建筑工程施工项目进度管理

5.1 流水施工原理

5.1.1 流水施工原理

施工项目根据施工特点、工艺流程、资源利用等情况可以分为依次施工、平行施工及流水施工三种组织方式。

如某住宅小区拟建Ⅰ、Ⅱ两幢建筑物，它们的基础工程量都相等，而且均由挖土方、浇基础和回填土三个施工过程组成。每个施工过程在每个建筑物中的施工天数均为5天。两幢建筑物基础工程施工的三种组织方式如下：

依次施工组织方式如图5-1所示。

编号	施工过程	施工天数	依次施工进度计划（天）					
			5	10	15	20	25	30
Ⅰ	挖土方	5	—					
	浇基础	5		—				
	回填土	5			—			
Ⅱ	挖土方	5				—		
	浇基础	5					—	
	回填土	5						—

图5-1 依次施工方式

由此可见，依次施工的特点是：

（1）工期比较长，没有充分利用工作面。

（2）如果按专业成立施工队，各专业队伍不能连续作业，有时间间歇，劳动力及施工机具等资源无法均衡使用。

（3）如果由一个工作队完成全部施工任务，则不能实现专业化施工，不利于资源供应的组织。

（4）单位时间内投入的劳动力、施工机具、材料等资源较少，有利于资源的供应和组织。

（5）施工现场的组织、管理比较简单。

平行施工组织方式如图 5-2 所示。

编号	施工过程	施工天数	平行施工进度计划（天）		
			5	10	15
I	挖土方	5	———		
	浇基础	5		———	
	回填土	5			———
II	挖土方	5	———		
	浇基础	5		———	
	回填土	5			———

图 5-2　平行施工方式

由此可见，平行施工的特点是：

（1）工期比较短，充分利用工作面进行施工；

（2）如果按专业成立施工队，各专业队伍不能连续作业，劳动力及施工机具等资源无法均衡使用；

（3）如果由一个工作队完成全部施工任务，则不能实现专业化施工，不利于提高劳动生产率和质量；

（4）单位时间内投入的劳动力、施工机具、材料等资源成倍增加，不利于资源的供应和组织；

（5）施工现场的组织、管理比较复杂。

流水施工的组织方式如图 5-3 所示。

编号	施工过程	施工天数	流水施工进度计划（天）			
			5	10	15	20
I	挖土方	5	———			
	浇基础	5		———		
	回填土	5			———	
II	挖土方	5		———		
	浇基础	5			———	
	回填土	5				———

图 5-3　流水施工方式

由此可见，流水施工具有以下特点：
(1) 尽可能利用工作面进行施工，工期比较短。
(2) 各专业队实现专业化，有利于提高生产率和工作质量。
(3) 各专业队能够连续施工，相邻专业队的开工时间能够最大限度搭接。
(4) 单位时间内投入的资源均衡，易于管理。
(5) 为文明施工和科学管理创造了条件。

5.1.2 流水作业的分类

根据流水施工组织的范围划分，流水施工通常可分为：

(1) 分项工程流水施工。分项工程流水施工也称为细部流水施工。它是在一个专业工种内部组织起来的流水施工。

(2) 分部工程流水施工。分部工程流水施工也称为专业流水施工。它是在一个分部工程内部、各分项工程之间组织起来的流水施工。

(3) 单位工程流水施工。单位工程流水施工也称为综合流水施工。它是在一个单位工程内部、各分部工程之间组织起来的流水施工。

(4) 群体工程流水施工。群体工程流水施工亦称为大流水施工。它是在若干单位工程之间组织起来的流水施工。

5.1.3 流水施工参数

在组织拟建工程项目流水施工时，用以表达流水施工在工艺流程、空间布置和时间安排等方面开展状态的参数，称为流水参数。它主要包括工艺参数、空间参数和时间参数三种。

(1) 工艺参数。

工艺参数是指一组流水中施工过程的个数。在工程项目施工中，施工过程所包括的范围可大可小，既可以是分部工程、分项工程，又可以是单位工程、单项工程。

计算时用 N 表示施工过程数。

(2) 空间参数。

空间参数指的是单体工程划分的施工段或群体工程划分的施工区的个数。如图 5-4 所示的建筑，共划分了 4 个施工区。当建筑物只有一层时，施工段数就是一层的段数。当建筑物是多层时，施工段数是各层段数之和。

计算时用 M 表示空间参数。

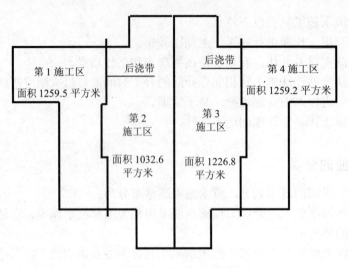

图 5-4　流水段的划分

（3）时间参数。

时间参数包括流水节拍、流水步距和工期三种。

流水节拍是指某个专业队在一个施工段上的施工作业时间。计算时用符号"t"表示。

流水步距是指两个相邻的施工队进入流水作业的最小间隔时间。计算时用符号"k"表示。

工期是指从第一个专业队投入流水作业开始，到最后一个专业队完成最后一个施工过程的最后一段工作退出流水作业为止的整个持续时间。计算时用符号"Tt"表示。

例如：某建筑共计两层，每层的施工过程分两个施工段。对其中的混凝土结构子分部工程中的支模板、绑扎钢筋、浇混凝土三个分项工程组织流水施工，具体见图 5-5。分别求出流水参数。

施工层	施工过程	施工进度计划（天）						
		2	4	6	8	10	12	14
1	支模板	①	②					
	绑扎钢筋		①	②				
	浇混凝土			①	②			
2	支模板				①	②		
	绑扎钢筋					①	②	
	浇混凝土						①	②

图 5-5　流水施工方式

由图 5-5 可知：

施工过程数：施工过程有支模板、绑扎钢筋、浇混凝土三个，$N=3$

空间参数：分两个施工层，每个施工层分了两个施工段，$M=2\times2=4$

时间参数：流水节拍 $t=2$ 天

　　　　　流水步距 $k=2$ 天

　　　　　流水组的工期 $Tt=14$ 天

5.1.4 流水施工的表达方式

流水施工可以用横道图或网络图表示，见图 5-6。

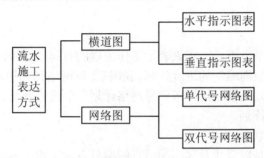

图 5-6 流水施工的表达方式

横道图法水平指示的表达方式中，横坐标表示流水施工的持续时间；纵坐标表示开展流水施工的施工过程、专业工作队的名称、编号和数目；呈梯形分布的水平线段表示流水施工的开展情况，水平指示的横道图表见图 5-1。

横道图流水施工垂直指示图表的表达方式中，横坐标表示流水施工的持续时间；纵坐标表示开展流水施工所划分的施工段编号；n 条斜线段表示各专业工作队或施工过程开展流水施工的情况如图 5-7 所示。

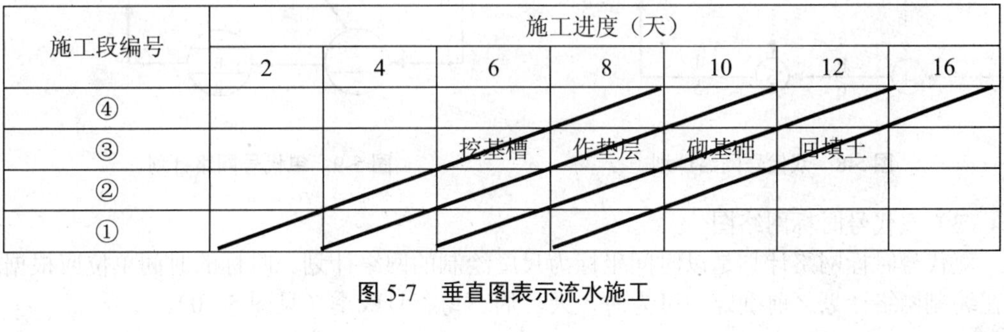

施工段编号	施工进度（天）						
	2	4	6	8	10	12	16
④							
③			挖基槽	作垫层	砌基础	回填土	
②							
①							

图 5-7 垂直图表示流水施工

横道图水平指示图表的优点是：绘图简单，施工过程及先后的顺序表达清楚，时间和空间状况形象直观，使用方便，因而得到广泛使用。

横道图垂直指示图表的优点是：施工过程及先后的顺序表达清楚，时间和空间状况形象直观，斜向进度线的斜率可以直观地表示施工过程的进展速度，但编制实际工程进度计划不如水平指示图表方便。

网络图表示的流水施工见下节介绍。

5.2 网络计划技术

5.2.1 网络计划技术

网络图是由箭线和节点组成，用来表示工作流程的有向、有序网状图形。网络计划是在网络图上加注时间参数而编制的进度计划。我国《工程网络计划技术规程》（JGJ/T121-99）推荐的常用工程网络计划类型包括：双代号网络计划、单代号网络计划、双代号时标网络计划、单代号搭接网络计划。

（1）双代号网络计划图。

双代号网络计划图是以箭线及其两端节点的编号表示工作的网络图（见图5-8）。

（2）单代号网络计划图。

单代号网络计划图是以节点及其编号表示工作，以箭线表示工作之间的逻辑关系的网络图（见图5-9）。

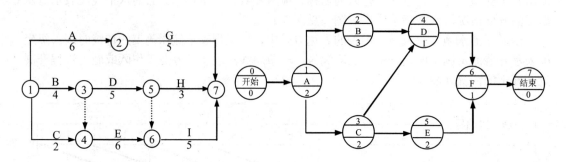

图5-8 双代号网络计划　　　　图5-9 单代号网络计划

（3）双代号时标网络图

双代号时标网络计划是以时间坐标为尺度绘制的网络计划。时标的时间单位应根据需要在编制网络计划之前确定，可为时、天、周、旬、月或季（见图5-10）。

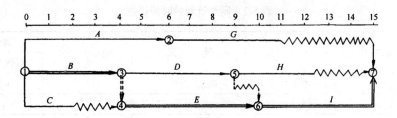

图 5-10 双代号时标网络计划

（4）单代号搭接网络计划

紧前工作虽然尚未完成但已经提供了紧后工作开始工作的条件，紧后工作就可以在这种条件下与紧前工作平行进行。这种关系就称为搭接关系。用单代号网络计划来表示工作之间的逻辑关系和搭接关系网络计划。

5.2.2 网络计划绘制

网络计划的编制应该符合国家现行标准《网络计划技术》及行业标准《工程网络计划技术标准》。单代号及双代号网络计划技术的绘制规则见表 5-1。

表 5-1 双代号、单代号网络图绘制规则

内　容	要　点
单代号网络图绘制规则	① 与双代号网络图绘制规则基本相同
	② 有多项开始工作时，应增设一项虚拟工作（S）
	③ 有多项结束工作时，应增设一项虚拟工作（F）
双代号网络图绘制规则	① 按照已定的逻辑关系绘制
	② 严禁出现循环回路
	③ 箭线应保持自左向右的方向
	④ 严禁出现双向箭头和无箭头的连线
	⑤ 严禁出现没有箭尾节点和没有箭头节点的箭线
	⑥ 严禁在箭线上引入或引出箭线（可采用母线绘图法）
	⑦ 尽量避免箭线交叉（采用过桥法或指向处理法）
	⑧ 只有一个起点节点和终点节点

5.2.3 网络计划时间参数的概念

网络计划的时间参数见表 5-2。

表 5-2　网络计划的时间参数

序号	参数名称		定 义	表示方法	
				双代号	单代号
1	持续时间		指一项工作从开始到完成的时间	D_{i-j}	D_i
2	工期	计算工期	根据网络计划时间参数计算而得到的工期	T_c	
3		要求工期	是任务委托人所提出的指令性工期	T_r	
4		计划工期	指根据要求工期和计算工期所确定的作为实施目标的工期	T_p	
5	最早开始时间		指在其所有紧前工作全部完成后,本工作有可能开始的最早时刻	ES_{i-j}	ES_i
6	最早完成时间		指在其所有紧前工作全部完成后,本工作有可能完成的最早时刻	EF_{i-j}	EF_i
7	最迟完成时间		在不影响整个任务按期完成的前提下,本工作必须完成的最迟时刻	LF_{i-j}	LF_i
8	最迟开始时间		在不影响整个任务按期完成的前提下,本工作必须开始的最迟时刻	LS_{i-j}	LS_i
9	总时差		在不影响总工期的前提下,本工作可以利用的机动时间	TF_{i-j}	TF_i
10	自由时差		在不影响其紧后工作最早开始时间的前提下,本工作可以利用的机动时间	FF_{i-j}	FF_i
11	节点的最早时间		在双代号网络计划中,以该节点为开始节点的各项工作的最早开始时间		ET_i
12	节点的最迟时间		在双代号网络计划中,以该节点为完成节点的各项工作的最迟完成时间		LT_j
13	时间间隔		指本工作的最早完成时间与其紧后工作最早开始时间之间可能存在的差值	LAG_{i-j}	

5.3　工程项目进度管理

项目经理部应按下列程序进行项目进度控制：

根据施工合同确定的开工日期、总工期和竣工日期确定施工进度目标,明确计划开工日期、计划总工期和计划竣工日期,并确定项目分期分批的开工、竣工日期。

编制施工进度计划。施工进度计划应根据工艺关系、组织关系、搭接关系、起止时间、劳动力计划、材料计划、机械计划及其他保证性计划等因素综合确定。

向监理工程师提出开工申请报告，并应按监理工程师下达的开工令指定的日期开工。

实施施工进度计划。当出现进度偏差（不必要的提前或延误）时，应及时进行调整，并应不断预测未来进度状况。

全部任务完成后应进行进度控制总结并编写进度控制报告。

施工项目进度控制流程见图 5-11。

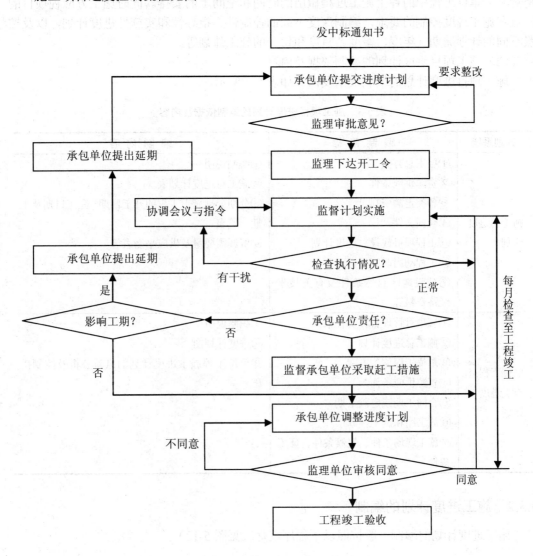

图 5-11 施工项目进度控制流程

5.3.1 施工项目进度计划的种类及内容

（1）施工项目进度计划的种类

施工单位的进度计划系统包括：施工总进度计划和单位工程施工进度计划。

施工总进度计划是对全工地所有单位工程做出时间上的安排。单位工程施工进度计划是对某一单位工程中的各个施工过程做出的时间和空间上的安排。同时施工方应视项目的特点和施工进度控制的要求，编制深度不同的控制性、指导性和实施性进度计划，以及按照不同的计划周期（年度、季度、月度和旬）的施工计划等。

（2）施工项目进度计划的编制依据及内容

施工项目进度计划的编制依据及内容如表 5-3 所示。

表 5-3 施工项目进度计划的编制依据及内容

计划系统	编制依据	编制内容
施工总进度计划	①施工总方案 ②资源供应条件 ③各类定额资料 ④合同文件 ⑤工程项目建设总进度计划 ⑥工程动用时间目标 ⑦建设地区自然条件及有关技术经济资料等	①编制说明 ②施工总进度计划表 ③分期分批施工工程的开工日期、完工日期及工期一览表 ④资源需要量及供应平衡表等
单位工程施工进度计划	①《项目管理目标责任书》 ②施工总进度计划 ③单位工程施工方案 ④资源供应条件 ⑤合同工期或定额工期 ⑥施工图和施工预算 ⑦施工现场条件、气候条件、环境条件	①编制说明 ②进度计划图 ③单位工程施工进度计划的风险分析及控制措施

5.3.2 施工进度计划的编制

施工进度计划的编制一般按照以下程序进行（见图 5-12）。

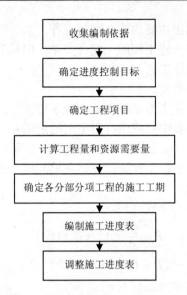

图 5-12 施工项目进度计划编制步骤

（1）确定项目进度控制目标。

项目经理部的施工项目进度控制目标应根据《项目经理目标责任书》中的规定确定。

（2）确定工程项目。

工程项目的确定取决于客观需要，根据施工图纸和施工顺序把拟建单位工程的各个施工过程，结合施工方法、施工条件、劳动组织等因素，确定编制施工进度计划所需要的工程项目。工程项目划分的粗细程度也要根据进度计划的编制要求确定。一般通过 WBS 分解的方法来确定工程项目。例如某住宅楼 WBS 分解的结果为图 5-13 所示。

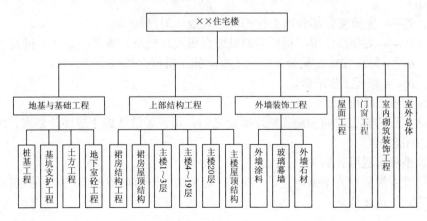

图 5-13 某住宅楼 WBS 分解结果

施工进度计划表中还应列出主要的施工准备工作，水、暖、电、卫生设备安装等专业工程也应列出，以表示它们和土建工程施工配合关系。但只列出项目名称，不必再细分，而由各专业队单独安排各自的施工进度计划。

(3) 计算工程量和资源需要量。

工程量计算应按施工图，施工方案和劳动定额手册进行。如已编制施工预算，可直接引用其工程量数据。若施工预算中某些项目所采用的定额和项目划分与施工进度计划有出入，但出入不大时，要结合工程项目的实际需要做某些必要的变更、调整、补充。水、暖、电以及设备安装等由专业部门进行工程量计算，在编制施工进度计划时不计算其劳动量，仅安排与土建工程配合的进度。

各施工过程的劳动量 P 可用下式计算。

$$P = \frac{Q}{S} 工日（或台班）$$

或

$$P = Q \cdot R 工日（或台班）$$

式中　P——需要的劳动量（工日）；
　　　Q——工程量（m^3、m^2、t 等）；
　　　S——采用的产量定额（m^3、m^2、t……/工日或台班）；
　　　R——采用的时间定额 $R=1/S$（工日或台班/m^3、m^2、t……）。

对于一些新技术和特殊施工方法，定额尚未列入定额手册，此时，其定额可参考类似项目的定额与有关实验资料确定。

(4) 确定各分部分项工程的施工工期。

根据实际投入的施工劳动力确定。可按下式计算：

$$T_i = \frac{P_i}{nb}$$

式中：T_i——完成某分部分项工程的施工天数（工日）；
　　　P_i——某分部分项工程所需的机械台班数（台班）或劳动量（工日）；
　　　n——每班安排在某分部分项工程上施工机械台数或劳动人数；
　　　b——每天工作班数。

(5) 编制施工进度表。

各分部工程的施工时间和施工顺序确定之后，可开始设计施工进度计划表。可以用横道图或网络图表示。

(6) 调整施工进度计划表。

施工进度表的初始方案编出之后，需进行若干次的平衡调整工作，直至达到符合要求，比较合理的施工进度计划。

5.3.3 开工申请报告

在施工单位施工准备工作完成，具备开工条件后，施工单位应该提出开工申请报告，待上级审查批准后报总监工程师批准后方能施工。开工报告格式见表5-4。

表5-4 开工报告

工程名称			结构类型	
建设单位		电话	联 系 人	
施工单位		电话	项目经理	
设计单位		电话	联 系 人	
监理单位		电话	现场监督	
工程地址			现场电话	
建筑面积（m^2）		其中：地下建筑：	地面建筑：	
合同造价（万元）		其中：土建： 装修：	安装： 园林绿化：	
开工日期	年 月 日	计划竣工日期		年 月 日
建设单位施工许可证签发单位及编号				
施工准备安全措施落实情况				
施工单位（签章）		年 月 日		
监理（建设）单位（签章）		年 月 日		

注：本报告一式四份，经监理（建设）单位、施工单位盖章后，监理（建设）、施工、设计、行业管理部门各执一份。

5.3.4 施工进度计划的实施

项目的施工进度计划应通过编制年、季、月、旬、周施工进度计划来实现。年、季、月、旬、周施工进度计划应逐级落实，最终通过施工任务书由班组实施。

（1）年（季）施工进度计划的格式可以参考表5-5。

表5-5 ××项目年（季）施工进度计划表

单位工程（分部工程）名称	工程量	总产值（万元）	开工日期	计划完工日期	本年（季）完成数量	本年（季）形象进度

（2）月（旬、周）施工进度计划具有指导作用，应该在单位工程施工进度计划的基础上进行细化，可以采用表 5-6 的形式编制。

表 5-6 ××工程　　月（旬、周）施工进度计划

分项工程名称	工程量		本月完成工程量	需要人数（机械数）	施工进度				
	单位	数量							

（3）施工任务书是向班组下达施工任务的一种工具，是项目班组进行质量、安全、技术等交底的好形式，格式如下所示。

施 工 任 务 书

第___施工队___组　　任务书编号_____

	开工	竣工	天数
计划			
实际			

工地名称_____　　单位工程名称_____　　签发日期___年___月___日

定额编号	工程部位及项目	计量单位	计　　划				实　　际			安全、质量、技术、节约措施及要求	
			工程量	时间定额	每工产量	定额工日	工程量	定额工日	实际用工		
									验收意见		
									生产效率	定额用工	工日
										实际用工	工日
										工效	%

在施工进度计划实施的过程中，要在进度计划图上进行实际进度记录，并跟踪记载每个过程的开始日期、完成日期。通过各种进度计划的检查方法，将实际进度和计划进度进行比较，发现偏差后，及时调整或修改进度计划。

5.3.5　施工进度计划的检查

在施工项目的实施进程中，为了进行进度控制，进度控制人员应经常地、定期地跟踪检查施工实际进度情况，主要是收集施工项目进度材料，进行统计整理和对比分析，确定

实际进度与计划进度之间的关系。其主要工作包括：

（1）跟踪检查施工实际进度。跟踪检查施工实际进度是项目施工进度控制的关键措施。其目的是收集实际施工进度的有关数据。跟踪检查的时间和收集数据的质量，直接影响控制工作的质量和效果。

一般检查的时间间隔与施工项目的类型、规模、施工条件和对进度执行要求程度有关。通常可以确定每月、半月、旬或周进行一次。若在施工中遇到天气、资源供应等不利因素的严重影响，检查的时间间隔可临时缩短，次数应频繁，甚至可以每日进行检查，或派人员驻现场督阵。检查和收集资料的方式一般采用进度报表方式或定期召开进度工作汇报会。为了保证汇报资料的准确性，进度控制的工作人员，要经常到现场察看施工项目的实际进度情况，从而保证经常地、定期地准确掌握施工项目的实际进度。

（2）整理统计检查数据。收集到的施工项目实际进度数据，要进行必要的整理、按计划控制的工作项目进行统计，形成与计划进度具有可比性的数据，相同的量纲和形象进度。一般可以按实物工程量、工作量和劳动消耗量以及累计百分比整理和统计实际检查的数据，以便与相应的计划完成量相对比。

（3）对比实际进度与计划进度。将收集的资料整理和统计成具有与计划进度可比性的数据后，用施工项目实际进度与计划进度的比较方法进行比较。通常用的比较方法有：横道图比较法、S形曲线比较法、"香蕉"型曲线比较法和前锋线比较法等。通过比较得出实际进度与计划进度相一致、超前、拖后三种情况。

5.3.6 施工进度计划的检查方法

下面对施工进度检查常用的几种方法作一简单介绍：

（1）用横道图计划检查。

用横道图编制施工进度计划，指导施工的实施已是人们常用的、很熟悉的方法。它简明、形象直观、编制方法简单、使用方便。该法是把在项目施工中检查实际进度收集的信息，经整理后直接用横道线并列标于原计划的横道图上，进行直观比较的方法，如图 5-14 所示。

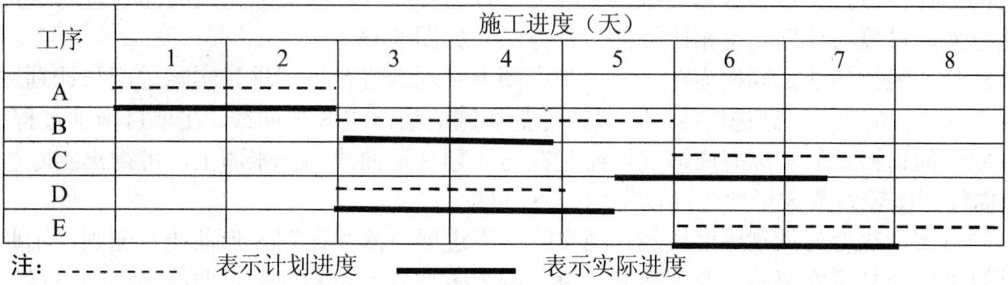

工序	施工进度（天）							
	1	2	3	4	5	6	7	8
A								
B								
C								
D								
E								

注： ----- 表示计划进度　　——— 表示实际进度

图 5-14　利用横道图记录施工进度

由图 5-14 可知：由于 E 工序的实际进度提前 1 天完成，该流水施工提前 1 天完成。

（2）用前锋线进行检查。

当绘制了时标网络计划时，可采用"前锋线比较法"对进度的执行情况进行检查记录。前锋线比较法是从计划检查时间的坐标点出发，用点划线依次连接各项工作的实际进度点，最后到计划检查时间的坐标点为止，所形成的折线。

按前锋线与工作箭线交点的位置判定施工实际进度与计划进度偏差。在检查日期左侧的点，表示计划进度拖后；在检查日期上的点，表示实际进度和计划进度一致；在检查日期右侧的点，表示提前完成进度计划。

如图 5-15 所示的前锋线中，分别划出了第 6 天和第 12 天两个检查日的前锋线。当第 6 天检查时，D、E、C 工作均滞后于计划值；当第 12 天检查时，F、G、H 工作均滞后于计划值。

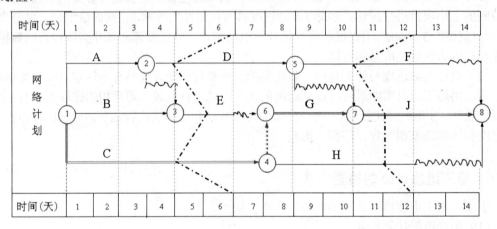

图 5-15　利用前锋线记录施工进度

（3）用 S 形曲线进行检查。

S 形曲线是以横坐标表示进度时间，纵坐标表示累计完成任务量，而绘制出一条按计划时间累计完成任务量的 S 形曲线，将施工项目的各检查时间实际完成的任务量与 S 形曲线进行实际进度与计划进度相比较的一种方法。如图 5-16 所示。

S 形曲线比较法，同横道图一样，是在图上直观地进行施工项目实际进度与计划进度相比较。一般情况，计划进度控制人员在计划实施前绘制出 S 形曲线。在项目施工过程中，按规定时间将检查的实际完成情况，绘制在与计划 S 形曲线同一张图上，可得出实际进度 S 形曲线，比较两条 S 形曲线可以得到如下信息：

项目实际进度与计划进度比较：当实际工程进展点落在计划 S 形曲线左侧则表示此时实际进度比计划进度超前；若落在其右侧，则表示拖后；若刚好落在曲线上，则表示二者一致。

如图 5-16 中，a 点状态为进度超前；b 点状态为进度滞后。

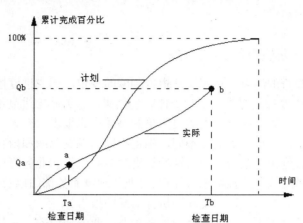

图 5-16 利用 S 形曲线记录施工进度

(4) 用"香蕉"形曲线进行检查。

一般情况，任何一个施工项目的网络计划，都可以绘制出两条曲线。其一是计划以各项工作的最早开始时间安排进度而绘制的 S 形曲线，称为 ES 曲线。其二是计划以各项工作的最迟开始时间安排进度，而绘制的 S 形曲线，称为 LS 曲线。两条 S 形曲线都是从计划的开始时刻开始和完成时刻结束，因此两条曲线是闭合的。一般情况，其余时刻 ES 曲线上的各点均落在 LS 曲线相应点的左侧，形成一个形如"香蕉"的曲线，故此称为"香蕉"形曲线。如图 5-17 所示。

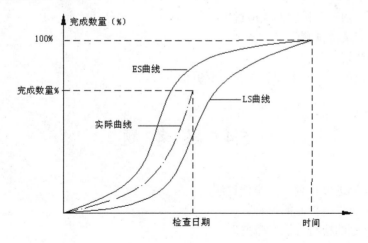

图 5-17 利用"香蕉"形曲线记录施工进度

在项目的实施中进度控制的理想状况是任一时刻按实际进度描绘的点，应落在该"香蕉"形曲线的区域内。

5.3.7 施工进度计划检查结果的处理

施工项目进度检查的结果，按照检查报告制度的规定，形成进度控制报告向有关主管人员和部门汇报。进度控制报告是把检查比较的结果，有关施工进度现状和发展趋势，提供给项目经理及各级业务职能负责人的最简单的书面形式报告。

进度控制报告是根据报告的对象不同，确定不同的编制范围和内容而分别编写的。一般分为项目概要级进度控制报告、项目管理级进度控制报告和业务管理级进度控制报告。

项目概要级的进度报告是报给项目经理、企业经理或业务部门以及建设单位或业主的。它是以整个施工项目为对象说明进度计划执行情况的报告。

项目管理级的进度报告是报给项目经理及企业的业务部门的。它是以单位工程或项目分区为对象说明进度计划执行情况的报告。

业务管理级的进度报告是就某个重点部位或重点问题为对象编写的报告，供项目管理者及各业务部门为其采取应急措施而使用的。

进度报告由计划负责人或进度管理人员与其他项目管理人员协作编写。报告时间一般与进度检查时间相协调，也可按月、旬、周等间隔时间进行编写上报。

进度控制报告的内容主要包括：
（1）项目实施概况、管理概况、进度概要。
（2）项目施工进度、形象进度及简要说明。
（3）施工图纸提供进度。
（4）材料、物资、构配件供应进度。
（5）劳务记录及预测。
（6）日历计划。
（7）对建设单位、业主和施工者的变更指令等。

5.4 思考题

1．如何编制进度计划，并举例说明。
2．施工项目进度控制的流程。
3．进度计划的检查方法有哪些？

第6章 建筑工程施工项目质量管理

6.1 质量管理概述

6.1.1 基本概念

我国国家标准 GB/T19000：2000 对质量、质量管理、质量控制分别作出下述定义：质量是一组固有特性满足要求的程度。固有特性是指某物所特有的，如水泥的强度、凝结时间等。质量的要求包括明示和隐含两种含义，明示要求一般通过合同、规范、图纸等明确表示，隐含需要一般是人们公认的，不必作出规定的需要。

质量管理是在质量方面指挥和控制组织协调的活动。在质量方面的指挥和控制活动，通常包括制定质量方针和质量目标以及质量策划、质量控制、质量保证和质量改进。

质量控制是质量管理的一部分，致力于满足质量要求。质量控制是在明确的质量目标条件下通过行动方案和资源配置的计划、实施、检查和监督来实现预期目标的过程。质量控制的目标就是确保产品的质量能满足顾客、法律法规等方面所提出的质量要求（如适用性、可靠性、安全性等）。质量控制的范围涉及产品质量形成全过程的各个环节，如设计过程、采购过程、生产过程、安装过程等。

《建筑工程施工质量验收统一标准》中建筑工程质量的定义是："反映建筑工程满足相关标准规定或合同约定的要求，包括其在安全性、使用功能及其耐久性能、环境保护等方面所有明显的隐含能力的特性总和。"

6.1.2 工程项目质量控制的特点

由于项目施工涉及面广，是一个极其复杂的综合过程，再加上项目具有位置固定、生产流动、结构类型不一、质量要求不一、施工方法不一、体型大、整体性强、建设周期长、受自然条件影响大等特点，因此施工项目的质量比一般工业产品的质量更难以控制，主要表现在以下方面：

（1）影响质量的因素多。如设计、材料、机械、地形、地质、水文、气象、施工工艺、操作方法、技术措施、管理制度等，均直接影响施工项目的质量。

（2）容易产生质量变异。由于影响施工项目质量的偶然性因素和系统性因素都较多，因此很容易产生质量变异。如材料性能微小的差异、机械设备正常的磨损、操作微小的变化、环境微小的波动等,均会引起偶然性因素的质量变异;当使用材料的规格、品种有误、施工方法不妥,操作不按规程,机械故障,仪表失灵,设计计算错误时,则会引起系统性因素的质量变异,造成工程质量事故。

(3) 容易产生第一、二判断错误。施工项目由于工序交接多、中间产品多、隐蔽工程多,若检查不认真、测量仪表不准、读数有误,则会产生第一判断错误,容易将合格产品认为是不合格的产品;若不及时检查实质,事后再看表面,就容易产生第二判断错误,容易将不合格的产品认为是合格的产品。所以在进行质量检查验收时,应特别注意。

(4) 质量检查不能解体、拆卸。工程项目建成后,不可能像某些工业产品那样,再拆卸或解体检查内在的质量,或重新更换零件;即使发现质量有问题,也不可能像工业产品那样实行"包换"或"退款"。

(5) 质量要受投资、进度的制约。施工项目的质量受投资、进度的制约较大,如一般情况下,投资大、进度慢,质量就好;反之,质量则差。因此,项目在施工中,还必须正确处理质量、投资、进度三者之间的关系,使其达到对立的统一。

6.1.3 工程项目质量控制的基本原则

(1) 坚持质量第一。工程质量是建筑产品使用价值的集中体现,用户最关心的就是工程质量的优劣。在项目施工中必须树立"百年大计,质量第一"的思想。

(2) 坚持以人为控制核心。人是质量的创造者,质量控制必须以"人"为核心,把人作为质量控制的动力,发挥人的积极性、创造性。

(3) 坚持预防为主。预防为主的思想,是指事先分析影响产品质量的各种因素,找出主导因素,采取措施加以重点控制,使质量问题消灭在发生之前或萌芽状态,做到防患于未然。

(4) 坚持质量标准。质量标准是评价工程质量的尺度,数据是质量控制的基础。工程质量是否符合质量要求,必须以数据为依据进行严格检查后做出判断。

(5) 坚持全面控制。即全过程的质量控制。建筑安装工程质量的控制贯穿于建设程序的全过程,为了保证和提高工程质量,质量控制不能仅限于施工过程,而必须贯穿于从勘察设计直到使用维护的全过程,要把所有影响工程质量的环节和因素控制起来。

全员的质量控制。工程质量提高依赖于项目经理及一般员工的共同努力。质量控制必须把项目所有人员的积极性和创造性充分调动起来,做到人人关心质量控制,人人做好质量控制工作。

6.1.4 工程施工项目质量控制的原理

下面主要介绍工程项目质量控制的 PDCA 原理及三阶段控制原理。

（1）PDCA 控制原理

PDCA 循环包括：计划（Plan）、实施（Do）、检查（Check）、处置（Act）。见图 6-1。

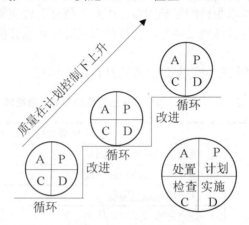

图 6-1　PDCA 循环原理

计划 P（Plan）是指制订切实可行的质量计划，明确目标并制订切实可行的行动方案。质量计划应该按照规定的程序与权限审批。

实施 D（Do）包含两个环节，其一是计划行动方案的交底，其二是按计划规定的方法和要求展开工程作业活动。

检查 C（Check）包括作业者的自检、互检和专职管理者的专检，以便检查是否严格执行了计划及计划执行的结果。

处置 A（Act）对于检查过程中发现的质量问题和质量不合格，及时地分析原因，采取措施加以纠正，保持质量形成的受控状态。处理分为纠偏和预防两个步骤。前者是采取应急措施，解决当前的质量问题；后者是将信息反馈给管理部门，反思问题症结或计划时的不周，为今后类似问题的质量预防提供借鉴。

（2）三阶段控制原理

三阶段控制是指事前控制、事中控制和事后控制。这三阶段控制构成了质量控制的系统过程。

事前控制要求预先进行周密的质量计划。尤其是工程项目施工阶段，制订质量计划或编制施工组织设计或施工项目管理实施规划（目前这三种计划方式基本上并用），都必须建立在切实可行、有效实现预期质量目标的基础上，作为一种行动方案进行施工部署。

事中控制包含自控和监控两大环节。自控是对质量产生过程中，各项技术作业活动操作者在相关制度的管理下的自我行为约束的同时，充分发挥其技术能力，完成预定质量目标的作业任务；他控是对质量活动过程和结果，来自他人的监督控制，这里包括来自企业内部管理者的检查检验和来自企业外部的工程监理和政府质量监督部门等的监控。但是不能因为监控主体的存在和监控责任的实施而减轻或免除自控主体的质量责任。

事后控制包括对质量活动结果的评价认定和对质量偏差的纠正。因为在过程中不可避免地会存在一些计划时难以预料的影响因素，因此大部分工程质量不可能一次验收成功。所以当出现质量实际值与目标值之间超出允许的偏差时，必须分析原因，采取措施纠正偏差，保持质量受控状态。

事前、事中、事后质量控制的主要措施见表6-1。

表6-1 事前、事中、事后质量控制的主要措施

质量控制方式	主要措施
事前控制	① 确定质量标准，明确质量要求 ② 建立本项目的质量监理控制体系 ③ 施工场地质检验收 ④ 建立完善质量保证体系 ⑤ 检查工程使用的原材料、半成品 ⑥ 施工机械的质量控制 ⑦ 审查施工组织设计或施工方案
事中控制	① 施工工艺过程质量控制：现场检查、旁站、量测、试验 ② 工序交接检查 ③ 隐蔽工程检查验收 ④ 做好设计变更及技术核定的处理工作 ⑤ 工程质量事故处理 ⑥ 进行质量、技术鉴定 ⑦ 建立质量监理日志 ⑧ 组织现场质量协调会
事后控制	① 组织试车运转 ② 组织单位、单项工程竣工验收 ③ 组织对工程项目进行质量评定 ④ 审核竣工图及其他技术文件资料，搞好工程竣工验收 ⑤ 整理工程技术文件资料并编目建档

6.1.5 施工单位的质量责任和义务

施工单位的质量责任和义务包括：

(1) 应当依法取得相应等级的资质证书，并在其资质等级许可的范围内承揽工程。

（2）对建设工程的施工质量负责。

（3）总承包单位依法将建设工程分包给其他单位，分包单位应当按照分包合同的约定对其分包工程的质量向总承包单位负责，总承包单位应当对其承包的建设工程的质量承担连带责任。

（4）必须按照工程设计图纸和施工技术标准施工，不得擅自修改工程设计，不得偷工减料。

（5）必须按照工程设计要求、施工技术标准和合同约定，对建筑材料、建筑构配件、设备和商品混凝土进行检验，检验应当有书面记录和专人签字；未经检验或者检验不合格的，不得使用。

（6）必须建立、健全施工质量的检验制度，严格工序管理，做好隐蔽工程的质量检查和记录。隐蔽工程在隐蔽前，应当通知建设单位和建设工程质量监督机构。

（7）施工人员对涉及结构安全的试块、试件以及有关材料，应当在建设单位或者工程监理单位监督下现场取样，并送具有相应资质等级的质量检测单位进行检测。

（8）对施工中出现质量问题的建设工程或者竣工验收不合格的建设工程，应当负责返修。

（9）应当建立、健全教育培训制度，加强对职工的教育培训；未经教育培训或者考核不合格的人员，不得上岗作业。

6.2 工程施工项目质量计划

6.2.1 基本概念

按照 GB/T19000 质量管理体系标准，质量计划是质量管理体系文件的组成内容。在合同环境下质量计划是企业向顾客表明质量管理方针、目标及其具体实现的方法、手段和措施，体现企业对质量责任的承诺和实施的具体步骤。

施工项目质量计划是指确定施工项目应达到的质量标准和如何达到这些质量标准的工作计划及安排。通过制订和严格实施质量计划，可以有效保证施工项目质量控制。

6.2.2 施工项目质量计划的编制内容

施工质量计划的内容一般应包括：

（1）工程特点及施工条件分析（合同条件、法规条件和现场条件）。

（2）履行施工承包合同所必须达到的工程质量总目标及其分解目标。

（3）质量管理组织机构、人员及资源配置计划。

(4) 为确保工程质量所采取的施工技术方案、施工程序。
(5) 材料设备质量管理及控制措施。
(6) 工程检测项目计划及方法等。

6.2.3 施工项目质量计划的编制要求

施工质量计划的编制主体是施工承包企业,由项目经理主持编制。在总承包的情况下,分包企业的施工质量计划是总承包施工质量计划的组成部分。总承包施工企业有责任对分承包施工企业质量计划的编制进行指导和审核,并承担施工质量的连带责任。

根据建筑工程生产施工的特点,目前我国工程项目施工的质量计划常用施工组织设计或施工项目管理实施规划的文件形式进行编制。

施工质量计划编制完毕,应经企业技术领导审核批准,并按施工承包合同的约定提交工程监理或建设单位批准确认后执行。

6.3 工程施工项目质量控制

6.3.1 工程项目施工质量控制的内容

施工项目质量控制的内容包括以下几方面:
(1) 确定控制对象,例如一道工序、一个分项工程、安装过程等。
(2) 规定控制标准,即详细说明控制对象应达到的质量要求。
(3) 制定具体的控制方法,例如工艺规程、控制用图表等。
(4) 明确所采用的检验方法,包括检验手段。
(5) 实际进行检验。
(6) 分析实测数据与标准数据之间产生差异的原因。
(7) 解决差异所采取的措施、方法。

6.3.2 施工项目质量控制程序

施工项目质量的控制要从工序、分项工程、分部工程到单位工程在施工单位自检和监理机构的检查验收过程中逐步推进。一般施工项目质量检验的程序如图 6-2 所示。报验申请表见表 6-2:

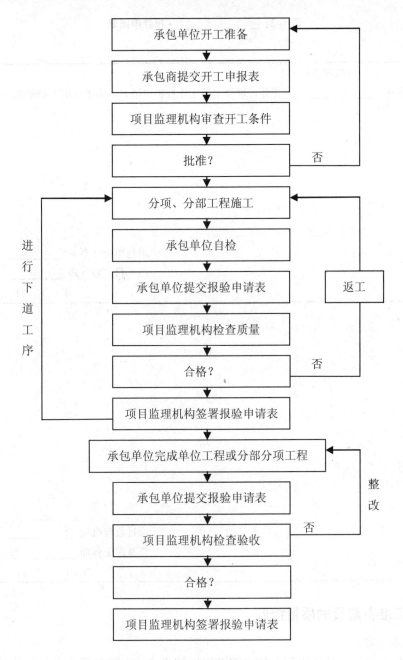

图 6-2 施工项目质量检验的程序

表 6-2 ＿＿＿＿＿＿报验申请表

工程名称　　　　　　　　　　　　　　　　　　　　　　　　　　　编号

致：　　　　　　（监理单位）
　　我方已完成＿＿＿＿＿＿＿工作，现报上该工作报验申请表，请予以审查和验收。

承包单位（章）＿＿＿＿＿＿
项　目　经　理＿＿＿＿＿＿
　　　　　　　年　　月　　日

审查意见：

项目监理机构＿＿＿＿＿＿
总监理工程师＿＿＿＿＿＿
　　　　　　　年　　月　　日

6.3.3 施工准备阶段的质量控制

（1）技术交底。

施工单位在每一个分项工程开始之前要进行技术交底。项目经理部的主管技术人员编制技术交底书，经技术负责人批准后执行。技术交底书格式见表6-3。

表 6-3 技术交底书

工程名称		施工单位	
交底部位		工序名称	
交底提要：			
交底内容： 1. 施工方法 2. 质量要求 3. 验收标准 4. 施工过程中应该注意的问题 5. 可能出现的意外情况及应急措施			
技术负责人		交底人		接受交底人	

注：本记录一式两份，一份交接受交底人，一份存档。

（2）进场材料构配件质量控制。

凡运到现场的材料、半成品或构配件，再进场前向监理机构提交工程材料/构配件/设备报审表，格式见表 6-4。并附有出厂合格认证和技术说明书，以及由施工单位按规定要求进行的检验和试验报告。

表 6-4　工程材料/构配件/设备报审表

| 工程名称 | 编号 |

致：　　　　　（监理单位）

我方于＿＿＿年＿＿＿月＿＿＿日进场的工程材料/构配件/设备数量如下（见附件）。现将质量证明文件及检验结果报上，拟用于下属部位：

　　＿＿＿＿＿＿＿＿＿＿＿＿＿＿＿＿＿＿＿＿＿＿＿＿＿＿＿＿＿＿＿＿＿

　　＿＿＿＿＿＿＿＿＿＿＿＿＿＿＿＿＿＿＿＿＿＿＿＿＿＿＿＿＿＿＿＿＿

请予审核。

附件：1. 数量清单
　　　2. 质量证明文件
　　　3. 自检结果

　　　　　　　　　　　　　　　　　　　　　承包单位（章）＿＿＿＿＿＿
　　　　　　　　　　　　　　　　　　　　　项　目　经　理＿＿＿＿＿＿
　　　　　　　　　　　　　　　　　　　　　　　　年　　月　　日

审查意见：

经检查上述工程材料/构配件/设备，符合/不符合设计文件和规范的要求，准许/不准许进场，同意/不同意使用于拟定部位。

项目监理机构＿＿＿＿＿＿＿＿

　　　　　　　　　　　　　　　　　　　　　总监理工程师＿＿＿＿＿＿
　　　　　　　　　　　　　　　　　　　　　　　　年　　月　　日

（3）机械设备的质量控制。

机械设备的进场检查。施工单位设备进场之前，应将设备的型号、规格、数量、技术性能、设备状况、进场时间等列出一份进厂设备清单，交监理机构审核。

设备工作状态检查。设备运行过程中，要做好使用、保养记录，保证设备良好的运行状态。

特殊设备安全运行检查。现场使用的塔吊及有特殊安全要求的设备进场后，使用前必须经当地劳动安全部门鉴定，符合要求并办好相应手续。

（4）现场作业人员的控制。

施工活动现场的项目经理、专职质检员、安全员等负责人员，必须坚守工作岗位。

从事特殊作业的人员（电焊工、电工、起重工、架子工、爆破工），必须持证上岗。

施工机械操作人员必须有上岗证，并能够熟练掌握操作维修技术。

（5）检验、测量和试验设施的质量控制。

所有在施工现场使用的检验、测量和试验设施均应处于有效的合格校准周期内。未经校准或报废的检验、测量和试验设施不能在现场使用。

（6）施工现场环境控制。

做好施工现场的水、电、施工照明、道路、场地、安全防护等作业环境的管理。同时，施工单位应该关注施工现场的自然环境，采取合理相应地保障质量的措施。

6.3.4 施工过程中的质量控制

（1）测量复核。

凡涉及施工作业活动基准和依据的技术工作，都应该严格进行专人负责的复核性检查。建筑工程测量复核的作业内容通常包括：

民用建筑：建筑物定位测量、基础施工测量、楼轴线检测、楼层间高程传递检测等。

工业建筑：厂方控制网测量、桩基施工测量、柱模轴线与高程检测、厂房结构安装定位检测、动力设备基础与预埋螺栓检测等。

管线工程：管网或输配电线路定位测量、地下管线施工检测、架空管线施工检测、多管线交会点高程检测等。

（2）质量控制点。

施工阶段的质量控制应该设置质量控制点。质量控制点是施工质量控制的重点，凡属关键技术、重要部位、控制难度大、影响大、经验欠缺的施工内容以及新材料、新技术、新工艺、新设备等，均可列为质量控制点，实施重点控制。

质量控制点设置原则包括：

① 对工程质量形成过程的各个工序进行全面分析，凡对工程的适用性、安全性、可靠性、经济性有直接影响的关键部位都要设立控制点，如高层建筑垂直度、预应力张拉、楼面标高控制等。

② 对下道工序有较大影响的上道工序设立控制点，如砖墙粘结率、墙体混凝土浇捣等。

③ 对质量不稳定，经常容易出现不良品的工序设立控制点，如阳台地坪、门窗装饰等。

④ 对用户反馈和过去有过返工的不良工序设立控制点，如屋面、油毡铺设等。

(3) 见证取样。

项目经理部应该明确专人对工程项目使用的材料、半成品、构配件及工序活动效果进行见证取样。见证取样基本要求应该满足国家和地方主管部门的有关规定。

如钢筋的见证取样要求如下：

① 对进场的钢筋首先进行外观检查，核对钢筋的出厂检验报告、合格证、成捆筋的标牌、钢筋上的标识，同时对钢筋的直径、不圆度、肋高等进行检查，表面质量不得有裂痕、结疤、折叠、凸块和凹陷。外观检查合格后进行见证取样复试。

② 取样方法：拉伸、弯曲试样，可在每批材料或每盘中任选两根钢筋距端头 500mm 处截取。拉伸试样直径 R6.5～20mm，长度为 300～400mm。弯曲试样长度为 250mm，直径 R25～32mm 的拉伸试样长度为 350～450mm，弯曲试样长度为 300mm。取样在监理见证下取 2 组，1 组送样，1 组封样保存。

③ 批量：同一厂家、同一牌号、同一规格、同一炉罐号、同一交货状态每 60t 为一验收批。

(4) 成品保护。

成品保护也是施工过程中质量管理的重点。在工程项目施工中，某些部分已完成，而其他部分还正在施工，如果对已完成部分或成品，不采取妥善的措施加以保护，就会造成损伤，影响工程质量。因此，会造成人、财、物的浪费和拖延工期；更为严重的是有些损伤难以恢复原状，而成为永久性的缺陷。加强成品保护，要从两个方面着手，首先应加强教育，提高全体员工的成品保护意识。其次要合理安排施工顺序，采取有效的保护措施。

成品保护的措施包括：护、包、盖、封。

① 护就是提前保护，防止对成品的污染及损伤。如外檐水刷石大角或柱子要立板固定保护；为了防止清水墙面污染，在相应部位提前钉上塑料布或纸板。

② 包就是进行包裹，防止对成品的污染及损伤。如在喷浆前对电气开关、插座、灯具等设备进行包裹；铝合金门窗应用塑料布包扎。

③ 盖就是表面覆盖，防止堵塞、损伤。如高级水磨石地面或大理石地面完成后，应用苫布覆盖；落水口、排水管安好后加覆盖，以防堵塞。

④ 封就是局部封闭。如室内塑料墙纸、地板油漆完成后，应立即锁门封闭；屋面防水完成后，应封闭上屋面的楼梯门或出入口。

6.3.5 施工作业结果验收的质量控制

施工作业结果验收包括检验批、分项、分部（子分部）工程的质量验收及单位（子单位）工程的验收过程。每一个环节均应严格按照验收程序实施。

(1) 基槽（基坑）验收。

由于基槽开挖质量状况对后续工作的影响较大，需将其作为一个关键工序或检验批进行验收。验收完毕,填写地基验槽记录,见表6-5。

表 6-5　地基验槽记录和地基处理记录

工程名称							
基底标高				验收日期			
基底土层分布	情况及走向						
基底土质及	地下水情况						
验收意见							
施工单位	项目专业质量检查员: 项目技术负责人: 项目经理: 年　月　日		监理（建设）单位	监理工程师: (建设单位项目负责人) 年　月　日		设计单位	项目负责人: 年　月　日

（2）工序交接验收。

施工项目是由一系列相互关联、相互制约的施工过程（工序）所构成,控制工程项目的质量必须控制工序的质量。施工单位首先要在保证工序的合理、科学性的基础之上开始施工。工序完成后要经过工序施工人员的自检、不同工序施工人员的互检及专职质检员的检查之后上报监理单位验收。

（3）隐蔽工程验收。

隐蔽工程验收是在检查对象被覆盖之前对其质量进行的最后一道检查验收,是工程质量控制的关键过程。隐蔽工程在隐蔽前要及时填写隐蔽验收记录。

建筑与结构工程隐蔽工程检查记录填写依据和项目见表6-6。

安装工程隐蔽工程检查记录填写依据和项目见表6-7。

隐蔽工程验收记录见表 6-8。

表 6-6 建筑与结构工程隐蔽工程检查记录填写依据和项目

隐蔽工程名称	隐 蔽 依 据	隐 蔽 项 目
1. 土石方工程	① 施工图纸、设计说明及地质勘察报告； ② 图纸会审记录、设计变更及洽商变更； ③ 施工及验收规范、质量检验评定标准和有关设计规范、相关施工方案； ④ 土质鉴别法； ⑤ 环刀法取样及干土质量密度测定法。	① 地基处理情况（如换土、洞穴、淤泥、积水的处理，地下水排除等）； ② 标高、槽宽、放坡、排水盲沟的设置情况； ③ 填方土料土质； ④ 回填土分层厚度及总厚度、夯实方法、干土质量密度； ⑤ 土样取样的分布和试样的数量。
2. 混凝土工程	① 施工图纸、设计说明及设计变更； ② 施工及验收规范及质量检验评定标准； ③ 材料出厂合格证及试验报告； ④ 混凝土试件。	① 混凝土强度等级； ② 几何尺寸及观感检查； ③ 预埋件。
3. 钢筋工程	① 施工图纸、设计说明及设计变更； ② 施工及验收规范及质量检验评定标准； ③ 材料出厂合格证及试验报告； ④ 钢筋焊接或机械连接试件。	① 钢筋配筋：直径、根数、钢号、间距、排距、保护层、搭接； ② 特殊部位或构件钢筋位置、预埋件； ③ 悬挑构件。
4. 砖石工程	① 施工图纸、设计变更； ② 施工及验收规范及质量检验评定标准； ③ 材料出厂合格证及试验报告； ④ 砂浆配合比。	① 基础砌体； ② 砌体变形缝； ③ 砌体中的预埋拉结筋、网片以及预埋件； ④ 素混凝土及钢筋混凝土芯柱、构造柱、圈梁和配筋带。
5. 门窗工程	① 施工图纸、设计变更； ② 施工及验收规范及质量检验评定标准； ③ 材料出厂合格证及试验报告。	① 门窗框、拼樘料与墙体连接固定情况； ② 焊接连接铁件时的焊缝质量。
6. 屋面工程	① 施工图纸、设计变更； ② 施工和验收规范及质量检验评定标准； ③ 材料出厂合格证及试验报告。	① 屋面各层质量情况； ② 节点及细部处理； ③ 各种顶棚内保温、隔热材料及骨架的防火、防虫措施及其实施情况。

表 6-7 安装工程隐蔽工程检查记录填写依据和项目

隐蔽工程名称	隐 蔽 依 据	隐 蔽 项 目
1．建筑给水、排水及采暖工程	① 施工图纸、设计变更； ② 施工和验收规范及质量检验评定标准； ③ 材料出厂合格证及试验记录； ④ 强度、严密性、灌水试验记录。	① 直埋于地下或结构中、暗敷于沟槽、管井、吊顶及不能进入的设备层内的管道或设备； ② 有保温、隔热（冷）要求的管道或设备； ③ 设备的预埋件； ④ 防水套管。
2．建筑电气工程	① 施工图纸、设计变更； ② 施工及验收规范及质量检验评定标准； ③ 材料出厂合格证。	① 暗埋于地下或结构中的各种电线导管； ② 吊顶内的各种电线导管、线槽、桥架等；暗敷于结构中的防雷引下线、均压环、避雷带、金属门窗（栏杆）与接地干线的连接线或预埋件等； ③ 接地体和接地母线（接地连接线）等； ④ 直埋电缆； ⑤ 灯具、电扇或设备的预埋件等。
3．智能建筑工程	① 施工图纸、设计变更； ② 施工和验收规范及质量检验评定标准； ③ 材料出厂合格证。	① 暗埋于地下或结构中的各种电线导管； ② 吊顶内的各种电线导管、线槽、桥架； ③ 暗敷接地线和接地体； ④ 直埋电缆等。
4．通风与空调工程	① 施工图纸、设计变更； ② 施工和验收规范及质量检验评定标准； ③ 材料出厂合格证； ④ 强度、严密性试验和气密性试验记录。	① 设于暗管井、吊顶内和无法进入的设备层内的管道、风管、设备等； ② 暗敷在墙内、有保温隔热要求的管道、风管、设备等； ③ 设备预埋件等。

表 6-8 隐蔽工程验收记录 统表

第 页 共 页

工程名称		项目经理	
分项工程名称		专业工长	
隐蔽工程项目		施工单位	
施工标准名称		施工图名称及编号	
隐蔽工程部位	质量要求	施工单位自查记录	监理（建设）单位验收记录

(续表)

隐蔽工程部位	质量要求	施工单位自查记录	监理（建设）单位验收记录
施工单位自查结论	施工单位项目技术负责人： 年 月 日		
监理（建设）单位验收结论	监理工程师（建设单位项目负责人）： 年 月 日		

注：如需绘制图纸的附本记录后。

6.3.6 施工项目质量控制的方法

施工项目质量控制的方法，主要是审核有关技术文件、报告和直接进行现场检查或必要的试验等。

（1）审核有关技术文件、报告或报表。

对技术文件、报告、报表的审核，是项目经理对工程质量进行全面控制的重要手段，其具体内容有：

① 审核有关技术资质证明文件。
② 审核开工报告，并经现场核实。
③ 审核施工方案、施工组织设计和技术措施。
④ 审核有关材料、半成品的质量检验报告。
⑤ 审核反映工序质量动态的统计资料或控制图表。
⑥ 审核设计变更、修改图纸和技术核定书。
⑦ 审核有关质量问题的处理报告。
⑧ 审核有关应用新工艺、新材料、新技术、新结构的技术鉴定书。
⑨ 审核有关工序交接检查、分项、分部工程质量检查报告。
⑩ 审核并签署现场有关技术签证、文件等。

（2）现场质量检查。

现场质量检查的内容包括：

① 开工前检查。目的是检查是否具备开工条件，开工后能否连续正常施工，能否保证工程质量。

② 工序交接检查。对于重要的工序或对工程质量有重大影响的工序，在自检、互检的基础上，还要组织专职人员进行工序交接检查。

③ 隐蔽工程检查。凡是隐蔽工程均应在检查认证后方能掩盖。
④ 停工后复工前的检查。因处理质量问题或某种原因停工后需复工时，亦应经检查认可后方能复工。
⑤ 分项、分部工程完工后，应经检查认可、签署验收记录后，才能进行下一工程项目的施工。
⑥ 成品保护检查。检查成品有无保护措施，或保护措施是否可靠。

此外，还应经常深入现场，对施工操作质量进行巡视检查；必要时，还应进行跟班或追踪检查。

现场质量检查的方法有目测法、实测法和试验法三种。

① 目测法。其手段可归纳为看、摸、敲、照四个字。

看是根据质量标准进行外观目测。如清水墙面是否洁净，喷涂是否密实和颜色是否均匀，内墙抹灰大面及口角是否平直，地面是否光洁平整，油漆浆活表面观感，施工顺序是否合理，工人操作是否正确等，均是通过目测检查、评价。

摸是手感检查，主要用于装饰工程的某些检查项目，如水刷石、干粘石粘结牢固程度、油漆的光滑度等，均可通过手摸加以鉴别。

敲是运用工具进行音感检查。对地面工程、装饰工程中的水磨石、面砖等，均应进行敲击检查，通过声音的虚实确定有无空鼓，还可根据声音的清脆和沉闷，判定属于面层空鼓或底层空鼓。

照是对于难以看到或光线较暗的部位，则可采用镜子反射或灯光照射的方法进行检查。

② 实测法。就是通过实测数据与施工规范及质量标准所规定的允许偏差对照，来判别质量是否合格。实测检查法的手段，也可归纳为靠、吊、量、套四个字。

靠是用直尺、塞尺检查墙面、地面、屋面的平整度。

吊是用托线板以线锤吊线检查垂直度。

量是用测量工具和计量仪表等检查断面尺寸、轴线、标高、湿度、温度等的偏差。

套是以方尺套方，辅以塞尺检查。如对阴阳角的方正、踢脚线的垂直度、预制构件的方正等项目的检查。

③ 试验检查。指必须通过试验手段，才能对质量进行判断的检查方法。如对桩或地基的静载试验，确定其承载力；对钢筋对焊接头进行拉力试验，检验焊接的质量等。

6.4 工程项目的质量统计分析方法

建筑工程施工项目常用的数理统计的方法有分层法、因果分析图法、排列图法及直方图法等。现分别作一简单介绍。

6.4.1 分层法

分层法也叫分组法或分类法,是把收集到的数据按统计分析的目的和要求进行分类,通过对数据的整理把质量问题系统化,以便从中找出规律,发现影响质量问题的一种方法。

调查分析的层次划分,根据管理的需要和统计的目的,通常按照时间、地点、材料、作业、工程、合同等进行。

如某焊接班组有甲、乙、丙三位工人进行施焊作业,共抽检 60 个点,发现 18 个点不合格,占 30%,具体数据见表 6-9。在分析原因时可以按照作业工人进行分层,结果如下:

表 6-9 分层调查统计分析数据

作业工人	抽检点数	不合格点数	个体不合格率(%)	占不合格点总数百分率(%)
甲	20	2	10	11
乙	20	4	20	22
丙	20	12	60	67
合计	60	18	—	30

由此可见:主要是作业工人丙的焊接操作影响了总体的焊接质量。

6.4.2 因果分析图法

因果分析图法是利用因果分析图来系统整理分析某个质量问题(结果)与其产生原因之间关系的有效工具。因果分析图也称特性要因图,又因其形状常被称为树枝图或鱼刺图。在分析的过程中对每一个质量特性或问题逐层深入排查可能性,从总体找出影响质量的主要原因,进行有的放矢的处置和管理。

例如,混凝土强度不足的因果分析图见图 6-3。

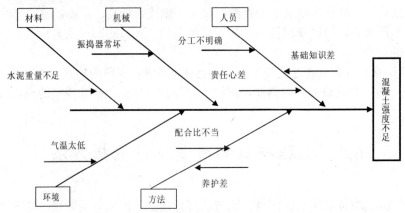

图 6-3 混凝土强度不合格因果分析

6.4.3 排列图法

排列图法是利用排列图寻找影响质量主次因素的一种有效方法。排列图又叫帕累托图或主次因素分析图，排列图中有两个纵坐标，一个横坐标，若干个柱状图和一条自左向右逐步上升的折线。左边的纵坐标为频数，右边的纵坐标为频率或称累计占有率。一般说来，横坐标为影响产品质量的各种问题或项目，纵坐标表示影响程度，折线为累计曲线。累计频率在 0～80% 的因素是影响质量的主要因素；累计频率在 80%～90% 的因素是影响质量的次要因素；累计频率在 90%～100% 的因素是影响质量的一般因素，以便抓住重点，采取相应的对策。

如某建筑地面粉刷质量问题统计见表 6-10。经过计算，不合格点的频数见图 6-4。累计频率见图 6-5。

表 6-10 地面粉刷质量统计数据

	地面粉刷质量问题	不合格数	不合格率%	累计频率%
A	起砂	78	56.5	56.5
B	开裂	30	21.7	78.2
C	空鼓	15	10.9	89.1
D	不平	10	7.2	96.3
E	其他	5	3.7	100
	合计	138	100	

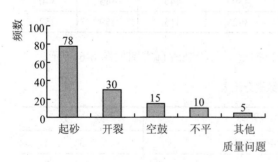

图 6-4 不合格点频数　　图 6-5 不合格点累计频率

由图 6-5 可知：起砂、开裂为影响质量的主要因素，空鼓为一般因素，不平、其他为次要因素。因此要保证质量，主要在起砂、开裂施工过程中加强监控。

排列图可以形象、直观地反映主次因素。其主要应用有：

（1）按不合格点的内容分类，可以分析出造成质量问题的薄弱环节。

（2）按生产作业分类，可以找出生产不合格品最多的关键过程。

（3）按生产班组或单位分类，可以分析比较各单位技术水平和质量管理水平。

（4）将采取提高质量措施前后的排列图对比，可以分析措施是否有效。

6.4.4 直方图法

直方图又称质量分布图，是一种几何形图表，它是根据从生产过程中收集来的质量数据分布情况，画成以组距为底边、以频数为高度的一系列连接起来的直方型矩形图。

正常型直方图就是中间高、两侧底、左右接近对称的图形。出现非正常型直方图时，表明生产过程或收集数据作图有问题。这就要求进一步分析判断，找出原因，从而采取措施加以纠正。

某工程 7 组混凝土试块强度试验数据统计结果见表 6-11。

表 6-11 数据整理表（N/mm^2）

序号	混凝土试块抗压强度					最大值	最小值
1	412	415	355	375	372	415	355
2	400	409	396	406	417	417	396
3	407	471	428	421	387	471	387
4	414	443	480	435	417	480	414
5	395	475	438	442	361	475	361
6	407	380	340	439	445	445	340
7	352	459	410	392	415	459	352

对数据进行分组结果如表 6-12 所示。将数据整理后绘制成直方图如图 6-6 所示。

表 6-12 数据分组表

序 号	组 界 限	频 数
1	340～360	3
2	360～380	4
3	380～400	5
4	400～420	11
5	420～440	5
6	440～460	4
7	460～480	3

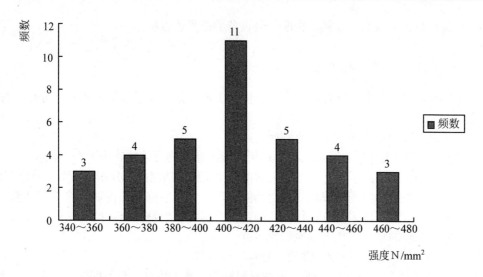

图 6-6　混凝土强度分布直方图

由图 6-6 可知，该混凝土强度统计数据的直方图正常，质量处于受控状态。

6.5　建筑工程施工项目的质量验收

建设工程质量验收是对已完工的工程实体的外观质量及内在质量按规定程序检查后，确认其是否符合设计及各项验收标准的要求，是判断可交付使用的一个重要环节。工程验收应严格按照国家相关行政管理部门对各类工程项目的质量验收标准制订规范的要求，正确地进行工程项目质量的检查评定和验收。

验收是指建筑工程在施工单位自行质量检查评定的基础上，参与建设活动的有关单位共同对检验批、分项、分部、单位工程的质量进行抽样复验，根据相关标准以书面形式对工程质量达到合格与否做出确认。

6.5.1　建筑工程施工项目质量验收的依据

施工质量验收的依据有：
（1）国家和主管部门颁发的建设工程施工质量验收标准和规范、技术操作规程、工艺标准；
（2）设计图纸、设计修改通知单、标准图、施工说明书等设计文件。
（3）设备制造厂家的产品说明书和有关技术规定。

（4）原材料、半成品、成品、构配件及设备的质量验收标准等。

6.5.2 工程项目质量验收的划分

建筑工程质量验收应划分为单位（子单位）工程、分部（子分部）工程、分项工程和检验批。

（1）单位工程的划分应按下列原则确定：
① 具备独立施工条件并能形成独立使用功能的建筑物及构筑物为一个单位工程。
② 建筑规模较大的单位工程，可将其能形成独立使用功能的部分作为一个子单位工程。

具有独立施工条件和能形成独立使用功能是单位（子单位）工程划分的基本要求。在施工前由建设、监理、施工单位自行商议确定，并据此收集整理施工技术资料和验收。

（2）分部工程的划分应按下列原则确定：
① 分部工程的划分应按专业性质、建筑部位确定。
② 当分部工程较大或较复杂时，可按材料种类、施工特点、施工程序、专业系统及类别等划分为若干分部工程。

在建筑工程的分部工程中，将原建筑电气安装分部工程中的强电和弱电部分独立出来各为一个分部工程，称其为建筑电气分部和智能建筑（弱电）分部。

（3）分项工程应按主要工种、材料、施工工艺、设备类别等进行划分。

分项工程可由一个或若干检验批组成，检验批可根据施工及质量控制和专业验收需要按楼层、施工段、变形缝等进行划分。

分项工程划分成检验批进行验收有利于及时纠正施工中出现的质量问题，确保工程质量，也符合施工实际需要。

多层及高层建筑工程中主体分部的分项工程可按楼层或施工段来划分检验批，单层建筑工程的分项工程可按变形缝等划分检验批；

地基基础分部工程中的分项工程一般划分为一个检验批，有地下层的基础工程可按不同地下层划分检验批；

屋面分部工程中的分项工程不同楼层屋面可划分为不同的检验批；

其他分部工程中的分项工程，一般按楼面划分检验批；

对于工程量较少的分项工程可统一划分为一个检验批。安装工程一般按一个设计系统或设备组别划分为一个检验批。室外工程统一划分为一个检验批。散水、台阶、明沟等含在地面检验批中。

6.5.3 施工项目质量验收的程序及组织

工程质量验收分为过程验收和竣工验收，其程序及组织包括：

(1) 施工过程中，隐蔽工程在隐蔽前通知建设单位（或工程监理）进行验收，并形成验收文件。

(2) 分部分项工程完成后，应在施工单位自行验收合格后，通知建设单位（或工程监理）验收，重要的分部分项应请设计单位参加验收。

(3) 单位工程完工后，施工单位应自行组织检查、评定，符合验收标准后，向建设单位提交验收申请。

(4) 建设单位收到验收申请后，应组织施工、勘察、设计、监理单位等方面人员进行单位工程验收，明确验收结果，并形成验收报告。

(5) 按国家现行管理制度，房屋建筑工程及市政基础设施工程验收合格后，尚需在规定时间内，将验收文件报政府管理部门备案。

工程竣工报告和工程竣工报验单的填写格式见表 6-13 和表 6-14。

表 6-13 工程竣工报告

工程名称		工程地址	
建设单位		监理单位	
设计单位		施工单位	
工程类别		结构类型	
合同编号		合同工期	
工程造价		竣工日期	
竣工条件自检	自 检 内 容	自 检 意 见	
	工程设计和合同约定的各项内容完成情况		
	工程技术档案和施工管理资料		
	工程所用建筑材料、建筑构配件、商品混凝土和设备的进场试验报告		
	设计工程结构安全的试块、试件及有关材料的试验、检验报告		
	地基与基础、主体结构等重要分部、分项工程质量验收签认情况		
	建设行政主管部门、质量监督机构或其他有关部门责令整改问题的执行情况		
	单位工程质量自检情况		
	工程质量保修书		
	工程款支付情况		
	交付竣工验收的条件		
	其他		

（续表）

经自检，该工程已完成设计和施工合同约定的各项内容，工程质量符合有关法律、法规和工程建设强制性标准。 项 目 经 理：_____ 企业技术负责人：_____ 企业法定代表人：_____（施工单位公章） 年　月　日

表6-14　工程竣工报验单

工程名称	编号：
致： 我方已按合同要求完成了_____工程，经自检合格，请予以检查和验收。 附件： 承包单位（章）：_____ 项 目 经 理：_____ 日　　　期：_____	
审查意见： 经初步验收，该工程 1. 符合/不符合我国现行法律、法规要求； 2. 符合/不符合我国现行工程建设标准； 3. 符合/不符合设计文件； 4. 符合/不符合施工合同要求。 综上所述，该工程初步验收合格/不合格，可以/不可以组织正式验收。 项目监理机构：_____ 总监理工程师：_____ 日　　　期：_____	

施工质量验收要按照检验批验收、分项工程验收、分部（子分部）工程验收、单位工程验收的顺序依次进行。

6.5.4 检验批的质量验收

（1）检验批合格质量应符合下列规定：

① 主控项目和一般项目的质量经抽样检验合格。

② 具有完整的施工操作依据、质量检查记录。

检验批是工程验收的最小单位，是分项工程乃至整修建筑工程质量验收的基础。各专业工程质量验收规范应对各检验批的主控项目、一般项目的子项合格质量给予明确的规定。

检验批质量合格的条件，共两个方面：资料检查、主控项目检验和一般项目检验。主控项目是对检验批的基本质量起决定性影响的检验项目，因此必须全部符合有关专业工程验收规范的规定。质量控制资料反映了检验批从原材料到最终验收的各施工工序的操作依据，检查情况以及保证质量所需的管理制度等。对其完整性的检查，实际是对过程控制的确认，这是检验批合格的前提。

例如钢筋连接的主控项目一：纵向受力钢筋的连接方式应符合设计要求。检查数量：全数检查。检验方法：观察；主控项目二：在施工现场，应按国家现行标准《钢筋机构连接通用技术规程》JGJ107、《钢筋焊接及验收规程》JGJ18 的规定抽取钢筋机械连接接头、焊接接头试件作力学性能检验，其质量应符合有关规程的规定。检查数量：按有关规程确定。检验方法：检查产品合格证、接头力学性能试验报告。

钢筋安装的一般项目：钢筋安装位置的偏差应符合表 6-15 的规定。检查数量：在同一检验批内，对梁、柱和独立基础，应抽查构件数量的 10%，且不少于 3 件；对墙和板应按有代表性的自然间抽查 10%，且不少于 3 间；对大空间结构，墙可按相邻轴线间高度 5m 左右划分检查面，板可按纵、横轴线划分检查面，抽查 10%，且均不少于 3 面。

表 6-15 钢筋安装位置的允许偏差和检验方法

项 目			允许偏差（mm）	检验方法
绑扎钢筋网	长、宽		±10	钢尺检查
	网眼尺寸		±20	钢尺量连续三档，取最大值
绑扎钢筋骨架	长		±10	钢尺检查
	宽、高		±5	钢尺检查
受力钢筋	间距		±10	钢尺量两端、中间各一点，取最大值
	排距		±5	
	保护层厚度	基础	±10	钢尺检查
		柱、梁	±5	钢尺检查
		板、墙、壳	±3	钢尺检查
绑扎箍筋、横向钢筋间距			±20	钢尺量连续三档，取最大值
钢筋弯起点位置			20	钢尺检查
预埋件	中心线位置		5	钢尺检查
	水平高差		+3.0	钢尺和塞尺检查

注：1. 检查预埋件中心线位置时，应沿纵、横两个方向量测，并取其中的较大值。

2. 表中梁类、板类构件上部纵向受力钢筋保护层厚度的合格点率应达到 90%及以上，且不得有超过表中数值 1.5 倍的尺寸偏差。

（2）检验批质量验收表格格式。

检验批质量合格后应该按照表 6-16 填写质量验收记录。

表 6-16　　　　　检验批质量验收记录

编号：□□□□□□□□□

工程名称		检验批部位		施工执行标准名称及编号		
施工单位		项目经理		专业工长		
分包单位		分包项目经理		施工班组长		
质量验收规范的规定			施工单位检查评定记录			监理（建设）单位验收记录
主控项目	1					
	2					
	3					
	4					
	5					
	6					
	7					
	8					
一般项目	1					
	2					
	3					
	4					
施工单位检查评定结果	专业质量检查员：					年　月　日
监理（建设）单位验收结论	监理工程师（建设单位项目专业技术负责人）：					年　月　日

（3）检验批质量验收表格的填写方法。

检验批由监理工程师或建设单位项目技术负责人组织项目专业质量检查员等进行验收。表的名称应在制作专用表格时就印好，前边印上分项工程的名称，如"砖砌体工程检验批质量验收记录表"。表的名称下边注上质量验收规范的编号，如"GB50203—2002"。

① 检验批表的编号。

按全部施工质量验收规范系列的分部工程、子分部工程统一为 9 位数的数码编号，写在表的右上角。其编号规则为：

前边两个数字是分部工程的代码，01—09。地基与基础为 01，主体结构为 02，建筑装饰装修为 03，建筑屋面为 04，建筑给水排水及采暖为 05，建筑电气为 06，智能建筑为 07，通风与空调为 08，电梯为 09。

第 3、4 位数字是子分部工程的代码。

第 5、6 位数字是分项工程的代码。

第 7、8、9 位数字是各分项工程检验批验收的顺序号。由于在大体量高层或超高层建筑中，同一个分项工程会有很多检验批，故留了 3 位数的空位置。

如地基与基础分部工程，无支护土方子分部工程，土方开挖分项工程，其检验批表的编号为 010101□□□，第一个检验批表的编号为 010101001。

② 表头部分的填写。

检验批表编号的填写，在 3 个方框内填写检验批序号。如为第 11 个检验批则填写为 011。

单位（子单位）工程名称，按合同文件上的单位工程名称填写，子单位工程写出该部分的具体位置。分项工程名称，按验收规范划定的分项名称填写。验收部位是指一个分项工程中验收的那个检验批的抽样范围，要标注清楚，如二层①—**轴线砖砌体。

施工单位、分包单位，填写单位的全称，与合同上公章名称相一致。项目经理应是合同中指定的项目负责人。在装饰、安装分部工程施工中，有分包单位时，也应填分包单位全称，分包单位项目经理也应是合同中指定的项目负责人。这些人员由填表人填写，不要本人签字。

③ 施工执行标准名称及编号。

这里应填写企业标准的名称及编号。只有按照不低于国家质量验收规范的企业标准来操作，才能保证国家验收规范的实施。企业必须制定企业标准（操作工艺、工艺标准、工法等）来培训工人，技术交底，来规范工人班组的操作。企业标准应有批准人、批准时间、执行时间、标准名称及编号并按规定备案。填表时只要将标准名称及编号填写上，就能在企业的标准系列中查到其详细情况，并在施工现场要有这项标准，工人在执行这项标准。

④ 主控项目、一般项目的质量验收规范的规定。

"质量验收规范的规定"一栏，填写具体的质量要求，企业标准高于国家标准规定的，应填写企业标准的相关指标，并按此验收。在制表时就应填写好主控项目、一般项目的全部内容。但由于表格的地方小，有些指标不能将全部内容填写下，所以只将质量指标归纳、简化描述或题目及条文号填写上，作为检查内容提示，以便查对验收规范的原文。

主控项目、一般项目施工单位自检记录和监理（建设）单位验收记录填写方法分以下几种情况：

对有数量可填的项目，直接填写检查获得的数据；

对定性项目，可根据实际情况填写"符合要求"或"抽样检验合格"等；

有混凝土、砂浆强度等级的检验批，按规定制取试件后，可填写试件编号，待试件试验报告出来后，对检验批进行判定，并在分项工程验收时进一步进行强度评定及验收；

此栏的填写，有数据的项目，将实际测量的数值填入格内，对达到国家验收规范要求，但未达到企业标准要求的用"〇"将其圈住；对达不到国家标准的数字用"△"将其圈住。

监理（建设）单位验收记录，通常监理人员应使用平行、旁站或巡回的方法进行监理。

在施工过程中,对施工质量进行察看和测量,以了解质量水平和控制措施的有效性及执行情况。在整个过程中,随时可以测量。在检验批验收时,对主控项目、一般项目应逐项进行验收,具体检查点数按规范要求在监理细则中应事先确定。对不符合验收规定的项目,可暂不填写,待处理后再验收,但应做标记或直接作出不合格的结论,待返工后再重新验收。

⑤ 施工单位检查评定结果。

施工单位自行评定合格后,以"施工单位自检记录"栏内相关记录数据为依据,做出质量评定,结论为"合格"或"不合格"。专业质量检查员代表企业逐项检查评定合格,填好表格并写明结论,签字后交监理工程师或建设单位项目专业技术负责人验收。

⑥ 监理(建设)单位验收结论

监理(建设)单位应按要求进行抽样复验,并依据自己验收记录中相关数据为依据,独立做出质量评定,而不应以施工单位提供的自检记录为依据。结论为"合格"或"不合格"。

6.5.5 分项工程的质量验收

(1)分项工程质量验收合格应符合下列规定:

① 分部工程所含的检验批均应符合合格质量的规定。

② 分项工程所含的检验批的质量验收记录应完整。

分项工程的验收在检验批的基础上进行。一般情况下,两者具有相同或相近的性质,只是批量的大小不同而已。因此,将有关的检验批汇集构成分项工程。分项工程合格质量的条件比较简单,只要构成分项工程的各检验批的验收资料文件完整,并且均已验收合格,则分项工程验收合格。

(2)分项工程质量验收表格格式。

分项工程验收合格后,按照表6-17的格式填写验收记录。

表6-17　　　　分项工程质量验收记录

工程名称		结构类型		检验批数	
施工单位		项目经理		项目技术负责人	
分包单位		分包单位负责人		分包项目经理	
序号	检验批部位、区段	施工单位评定结果		监理(建设)单位验收结论	
1					
2					
3					
4					
5					
6					
7					

（续表）

8			
9			
10			
检查结论	项目专业技术负责人： 年　月　日	验收结论	监理工程师： （建设单位项目专业技术负责人） 年　月　日

（3）分项工程质量验收表格的填写方法。

分项工程验收由监理工程师组织项目专业技术负责人等进行验收。分项工程是在检验批验收合格的基础上进行，通常起一个归纳整理的作用，是一个统计表，没有实质性验收内容。只要注意三点就可以了。

① 检查检验批是否将整个分项工程覆盖了，是否有漏掉的部位，填写在"检验批质量检查记录"一栏内，结论为"完整"。

② 检查有混凝土、砂浆强度要求的检验批，到龄期后能否达到规范规定，填写在"备注"栏内。

③ 将检验批的资料统一，依次进行登记整理，方便管理。

表名填上所验收分项工程的名称，表头由施工单位填写。施工单位检查评定结果由施工单位项目专业质量检查员填写，由施工单位的项目专业技术负责人检查后给出评价并签字，交监理单位或建设单位验收，结论为"合格"。

监理单位的专业监理工程师（或建设单位的专业负责人）应逐项审查，同意项填写结论"合格"，不同意项暂不填写，待处理后再验收，但应做标记并说明具体意见。

6.5.6　分部工程的质量验收

（1）分部（子分部）工程质量验收合格应符合下列规定：

① 分部（子分部）工程所含分项工程的质量均应验收合格。

② 质量控制资料应完整。

③ 地基与基础、主体结构和设备安装等分部工程有关安全及功能的检验和抽样检测结果应符合有关规定。

④ 观感质量验收应符合要求。

（2）分部工程质量验收表格格式。

分部工程质量验收表格格式见表6-18。

表 6-18 _____分部（子分部）工程质量验收记录

工程名称			结构类型		层 数		
施工单位			技术部门负责人		质量部门负责人		
分包单位			分包单位负责人		分包技术负责人		
序号	分项工程名称		检验批数	施工单位检查评定	验收意见		
1							
2							
3							
4							
5							
6							
7							
质量控制资料							
安全和功能检验（检测）报告							
观感质量验收							
验收单位	分包单位	项目经理			年	月	日
	施工单位	项目经理			年	月	日
	勘察单位	项目负责人			年	月	日
	设计单位	项目负责人			年	月	日
	监理（建设单位）	总监理工程师 （建设单位项目专业负责人）			年	月	日

（3）分部工程质量验收表格的填写方法。

① 表名及表头部分。

表名：分部（子分部）工程的名称填写要具体，写在分部（子分部）工程前边，并分别划掉分部或子分部。

表头部分的工程名称填写工程全称，与检验批、分项工程、单位工程验收表的工程名称一致。

结构类型按设计文件提供的结构类型填写。层数应分别注明地下和地上的层数。

施工单位填写单位全称。与检验批、分项工程、单位工程验收表填写的名称一致。

技术部门负责人及质量部门负责人多数情况下填写项目的技术及质量负责人，只有地基与基础、主体结构及重要安装分部（子分部）工程应填写施工单位的技术部门及质量部门负责人并签字。

分包单位的填写，有分包单位时才填写，没有时就不填写。分包单位名称要写企业全称，要与合同或图章上的名称一致。分包单位负责人及分包单位技术负责人，填写本项目的项目负责人及项目技术负责人。

② 验收内容，共有四项内容：

第一项为分项工程。按分项工程第一个检验批施工先后顺序，将分项工程名称填写上，在第二格栏内分别填写各分项工程实际的检验批数量，即分项工程验收表上的检验批数量。

施工单位检查评定栏，填写施工单位自行检查评定的结果。核查一下各分项工程是否都通过验收，其中有龄期试件的合格评定是否达到要求；有关垂直度或总的标高要求的检验项目，应进行检查验收。自检符合要求的可写"合格"。监理单位或建设单位由总监理工程师或建设单位项目专业技术负责人组织审查，在符合要求后，在验收意见栏内签注"合格"。

第二项为质量控制资料。检查时应注意，资料的项目应包括各专业规范规定必须具备的相关资料的内容。单位（子单位）工程质量控制资料核查记录中相关内容应按工程实际情况进行补充调整，作为确定所验收的分部（子分部）工程的质量控制资料的要求，按要求逐项进行核查。能基本反映工程质量情况，达到保证结构安全和使用功能完备的要求，填写"完整并符合要求"。并送监理单位或建设单位验收，监理单位总监理工程师组织审查，在符合要求后，在验收意见栏内填写"完整并符合要求"。

第三项为安全和功能检验（检测）报告。这个项目是指竣工抽样检测的项目，能在分部（子分部）工程中检测的，应放在分部（子分部）工程中检测。检测内容按表6-21单位（子单位）工程安全和功能检验资料核查及主要功能抽查记录中相关内容确定的抽查项目。在核查时要注意，在开工之前确定的项目是否都进行了检测；逐一检查每个检测报告，核查每个检测项目的检测方法、程序是否符合有关标准规定；检测结果是否达到规范的要求。检测报告的审批程序、签字是否完整。每个检测项目都通过审查，即可在施工单位检查评定栏内填写"符合要求"。由项目经理送监理单位或建设单位验收，监理单位总监理工程师或建设单位项目专业负责人组织审查。在符合要求后，在验收意见栏内填写"符合要求"。

第四项为观感质量验收。实际不单单是外现质量，在专业施工质量验收规范中列入基本规定、一般规定的内容，能检查的都要检查。还有能启动或运转的要启动或试运转，能打开看的要打开看，有代表性的房间、部位都应走到，并由施工单位项目经理组织进行现场检查。经检查符合要求后，将施工单位填写的内容填写好后经由项目经理签字，再交给监理单位或建设单位验收。

由总监理工程师或建设单位项目专业负责人组织验收。在听取参加检查人员意见的基础上，以总监理工程师或建设单位项目专业负责人为主导共同确定质量评价，作出是否"符合要求"的结论。如评价观感质量较差的项目，能修理的尽量修理，如果的确难修理时，只要不影响结构安全和使用功能的，可采用协商解决的方法进行验收，并在验收表上注明，然后将验收评价结论填写在验收结论栏内，结论为"合格"。

③ 验收单位签字认可。按表6-18所列参与工程建设责任单位的有关人员应亲自签名，以示负责，便于追查质量责任。

施工总承包单位必须签认，由项目经理亲自签认，有分包单位的分包单位也必须签认其分包的分部（子分部）工程，由分包项目经理亲自签认。

监理单位作为验收方，由总监理工程师亲自签认验收。如果按规定不委托监理单位的工程，可由建设单位项目专业负责人亲自签认验收。

6.5.7 单位工程的质量验收

（1）单位（子单位）工程质量验收合格应符合下列规定：
① 单位（子单位）工程所含分部（子分部）工程的质量均应验收合格。
② 质量控制资料应完整。
③ 单位（子单位）工程所含分部工程有关安全和功能的检测资料应完整。
④ 主要功能项目的抽查结果应符合相关专业质量验收规范的规定。
⑤ 观感质量验收应符合要求。

单位工程质量验收也称质量竣工验收，是建筑工程投入使用前的最后一次验收，也是最重要的一次验收。验收合格的条件有五个：除构成单位工程的各分部工程应该合格，并且有关的资料文件应完整以外，还须进行以下三个方面的检查。

涉及安全和使用功能的分部工程应进行检验资料的复查。不仅要全面检查其完整性（不得有漏检缺项），而且对分部工程验收时补充进行的见证抽样检验报告也要复核。这种强化验收的手段体现了对安全和主要使用功能的重视。

此外，对主要使用功能还须进行抽查。使用功能的检查是对建筑工程和设备安装工程最终质量的综合检验，也是用户最为关心的内容。因此，在分项、分部工程验收合格的基础上，竣工验收时再作全面检查。

（2）单位（子单位）工程验收表格格式。

单位（子单位）工程验收合格，按照表 6-19 格式填写验收记录。

表 6-19 ＿＿＿＿单位（子单位）工程质量竣工验收记录

工程名称		结构类型		层数/建筑面积	/
施工单位		技术负责人		开工日期	
项目经理		项目技术负责人		竣工日期	
序号	项　　目	验　收　记　录			验　收　结　论
1	分部工程	共　　　分部，经查　　　分部 符合标准及设计要求　　　分部			
2	质量控制资料核查	共　　　项，经审查符合要求　　　项 经核定符合规范要求　　　项			
3	安全和主要使用功能核查及抽查结果	共核查　　　项，符合要求　　　项 共抽查　　　项，符合要求　　　项 经返工处理符合要求　　　项			

（续表）

4	观感质量验收	共抽查　　项，符合要求　　项 　　　　　　不符合要求　　项		
5	综合验收结论			
参加验收单位	建设单位 （公章） 单位（项目）负责人： 年　月　日	监理单位 （公章） 总监理工程师： 年　月　日	施工单位 （公章） 单位负责人： 年　月　日	设计单位 （公章） 单位（项目）负责人： 年　月　日

（3）单位（子单位）工程验收表格填写方法。

单位（子单位）工程质量验收，由六部分内容组成，每一项内容都有自己专门的验收记录表，而单位（子单位）工程质量竣工验收记录表是一张综合性表，在各项验收合格后填写。

单位（子单位）工程由建设单位（项目）负责人组织施工（含分包单位）、勘察、设计、监理等单位（项目）负责人进行验收。

① 表名及表头的填写。

将单位工程或子单位工程的名称（项目批准的工程名称）填写在表名的前边，并将子单位或单位工程的名称划掉。

表头部分，按分部（子分部）表的表头要求填写。

② "分部工程"。对所含分部工程逐项检查。首先由施工单位的项目经理组织有关人员逐个分部（子分部）进行检查。所含分部（子分部）工程检查符合要求后，由项目经理提交验收。经验收组成员验收后，由施工单位填写"验收记录"栏。注明总共验收几个分部，经验收符合标准及设计要求的几个分部。审查验收的分部全部符合要求，由监理单位在验收结论栏内，写上"合格"的结论。

③ "质量控制资料核查"。这项内容有专门的验收表格，详见表 6-20。也是先由施工单位检查符合要求后，再提交监理单位验收。其全部内容在分部（子分部）工程中已经审查。通常单位（子单位）工程质量控制资料核查，也是按分部（子分部）工程逐项检查和审查，一个分部只有一个子分部工程时，子分部工程就是分部工程，多个子分部工程时，可一个一个地检查和审查，也可按分部检查和审查。每个子分部、分部工程检查审查后，也不必再整理分部工程的质量控制资料，只将其依次装订起来，前边的封面写上分部工程的名称，并将所含子分部工程的名称依次填写在下边就行。然后将各子分部审查的资料逐项进行统计，填入验收记录栏内。通常共有多少项资料，经审查也都应符合要求。在验收结论栏内，由监理（建设）单位填写"完整"的结论。

表 6-20 _____单位（子单位）工程质量控制资料核查记录

工程名称			施工单位		
序号	项目	资料名称	份数	核查意见	核查人
1	建筑与结构	图纸会审、设计变更、洽商记录			
2		工程定位测量、放线记录			
3		原材料出厂合格证书及进场检（试）验报告			
4		施工试验报告及见证检测报告			
5		隐蔽工程验收记录			
6		施工记录			
7		预制构件、预拌混凝土合格证			
8		地基、基础、主体结构检验及抽样检测资料			
9		分项、分部工程质量验收记录			
10		工程质量事故及事故调查处理资料			
11		新材料、新工艺施工记录			
12					
1	给排水与采暖	图纸会审、设计变更、洽商记录			
2		材料、配件出厂合格证书及进场检（试）验报告			
3		管道、设备强度试验、严密性试验记录			
4		隐蔽工程验收记录			
5		系统清洗、灌水、通水、通球试验记录			
6		施工记录			
7		分项、分部工程质量验收记录			
8					
1	建筑电气	图纸会审、设计变更、洽商记录			
2		材料、设备出厂合格证书及进场检（试）验报告			
3		设备调试记录			
4		接地、绝缘电阻测试记录			
5		隐蔽工程验收记录			
6		施工记录			
7		分项、分部工程质量验收记录			
8					
1	通风与空调	图纸会审、设计变更、洽商记录			
2		材料、设备出厂合格证书及进场检（试）验报告			
3		制冷、空调、水管道强度试验、严密性试验记录			
4		隐蔽工程验收记录			
5		制冷设备运行调试记录			
6		通风、空调系统调试记录			
7		施工记录			
8		分项、分部工程质量验收记录			
9					

（续表）

工程名称			施工单位			
序号	项目	资料名称		份数	核查意见	核查人
1	电梯	土建布置图纸会审、设计变更、洽商记录				
2		设备出厂合格证书及开箱检验记录				
3		隐蔽工程验收记录				
4		施工记录				
5		接地、绝缘电阻测试记录				
6		负荷试验、安全装置检查记录				
7		分项、分部工程质量验收记录				
8						
1	建筑智能化	图纸会审、设计变更、洽商记录、竣工图及设计说明				
2		材料、设备出厂合格证及技术文件及进场检（试）验报告				
3		隐蔽工程验收记录				
4		系统功能测定及设备调试记录				
5		系统技术、操作和维护手册				
6		系统管理、操作人员培训记录				
7		系统检测报告				
8		分项、分部工程质量验收记录				

结　论：　　　　　　　　　　　　总监理工程师
施工单位项目经理　　　年　月　日　（建设单位项目负责人）　　　年　月　日

④ 安全和主要使用功能核查及抽查结果。详见表6-21。这个项目包括两个方面的内容。一是在分部（子分部）工程中进行了安全和功能检测的项目，其核查的重点是资料的完整性，以及其项目是否与设计、合同及规范要求一致；二是在单位工程进行的安全和功能抽测项目，要核查其检测报告结论是否符合设计要求，抽测的程序、方法是否符合有关规定，抽测报告的结论是否达到设计要求及规范规定，如有经返工处理后才符合要求的，也应填写清楚。这两部分项目可能有些重复，但侧重点不同，应分别填写清楚。这个栏目也是由施工单位检查评定符合要求再提交验收，由总监理工程师或建设单位项目负责人组织审查，程序内容基本是一致的，按项目逐个进行核查验收。然后统计核查的项数和抽查的项数，填入验收记录栏内，并分别统计符合要求的项数。通常两个项数是一致的，如果个别项目的抽测结果达不到设计要求，则可以进行返工处理达到要求，然后由总监理工程师或建设单位项目负责人在验收结论栏三内填写"完整"，在验收结论栏内填写"符合要求"。

表6-21 _____单位（子单位）工程安全和功能检验资料核查及主要功能抽查记录

工程名称			施工单位			
序号	项目	安全和功能检查项目	份数	核查意见	抽查结果	核查（抽查）人
1	建筑与结构	屋面淋水试验记录				
2		地下室防水效果检查记录				
3		有防水要求的地面蓄水试验记录				
4		建筑物垂直度、标高、全高测量记录				
5		烟气（风）道工程检查验收记录				
6		幕墙及外窗气密性、水密性、耐风压检测报告				
7		建筑物沉降观测测量记录				
8		节能、保温测试记录				
9		室内环境检测报告				
10						
1	给排水与采暖	给水管道通水试验记录				
2		暖气管道、散热器压力试验记录				
3		卫生器具满水试验记录				
4		消防管道、燃气管道压力试验记录				
5		排水干管通球试验记录				
6						
1	建筑电气	照明全负荷试验记录				
2		大型灯具牢固性试验记录				
3		避雷接地电阻测试记录				
4		线路、插座、开关接地检验记录				
5						
1	通风与空调	通风、空调系统试运行记录				
2		风量、温度测试记录				
3		洁净室洁净度测试记录				
4		制冷机组试运行调试记录				
5						
1	电梯	电梯运行记录				
2		电梯安全装置检测报告				
1	智能建筑	系统试运行记录				
2		系统电源及接地检测报告				
3						

结论：
施工单位项目经理　　　　　　　　　　总监理工程师
　　　　　年　月　日　　　　　　　（建设单位项目负责人）　　　年　月　日

注：抽查项目由验收组协商确定。

如果返工处理后仍达不到设计要求，就要按不合格处理程序进行处理。

⑤ 观感质量验收。详见表 6-22。观感质量检查的方法同分部（子分部）工程，单位工程观感质量检查验收不同的是项目比较多，是一个综合性验收。实际是复查一下各分部（子分部）验收后，到单位工程竣工时的质量变化、成品保护以及分部（子分部）工程验收时，还没有形成部分的观感质量等。这个项目也是先由施工单位检查，记录质量状况，然后提交验收。

表 6-22 ＿＿＿＿单位（子单位）工程观感质量检查记录

工程名称		施工单位		抽查质量状况	质量评价		
序号	项目				好	一般	差
1	建筑与结构	室外墙面					
2		变形缝					
3		水落管，屋面					
4		室内墙面					
5		室内顶棚					
6		室内地面					
7		楼梯、踏步、护栏					
8		门窗					
1	给排水与采暖	管道接口、坡度、支架					
2		卫生器具、支架、阀门					
3		检查口、扫除口、地漏					
4		散热器、支架					
1	建筑电气	配电箱、盘、板、接线盒					
2		设备器具、开关、插座					
3		防雷、接地					
1	通风与空调	风管、支架					
2		风口、风阀					
3		风机、空调设备					
4		阀门、支架					
5		水泵、冷却塔					
6		绝热					

(续表)

工程名称			施工单位			
序号		项目	抽查质量状况	质量评价		
				好	一般	差
1	电梯	运行、平层、开关门				
2		层门、信号系统				
3		机房				
1	智能建筑	机房设备安装及布局				
2		现场设备安装				
3						
观感质量综合评价						
检查结论	总监理工程师：					
	施工单位项目经理： 年 月 日 （建设单位项目负责人） 年 月 日					

注：质量评价为差的项目，应进行返修。

施工单位填写"抽查质量状况"栏时，对某个检查点，好的打"√"，一般的打"○"，差的打"×"；在质量评价栏内，可在"好"、"一般"、"差"三栏内选择其中一栏，对这个项目作出综合评价，打"√"。由总监理工程师或建设单位项目负责人组织审查，程序和内容基本是一致的。以总监理工程师或建设单位项目负责人为主导，综合各方意见，得出观感质量的综合评价，结论为"好"、"一般"、"差"。不论评价为"好"、"一般"、"差"，只要建设单位认可，都可认为符合要求，由总监理工程师或建设单位项目负责人在验收结论栏内填写"符合要求"的结论。如果有不符合要求的项目，就应按合同规定进行处理。

⑥ 综合验收结论。施工单位应在工程完工后，由项目经理组织有关人员对验收内容逐项进行查对，自检评定符合要求后，交建设单位组织验收。综合验收是指在前几项内容验收符合要求后进行的验收。验收时，在建设单位组织下，由建设单位相关专业人员及监理单位专业监理工程师和勘察、设计、施工单位相关人员分别核查验收有关项目，并由总监理工程师组织进行现场观感质量复查。各项目经审查符合要求后，由建设单位填写"综合验收结论"，结论为"合格"。

⑦ 参加验收单位签名。根据建设部《房屋建筑工程和市政基础设施工程竣工验收暂行规定》（建[2000]142号）文件规定，建设工程五方主体都应参加工程竣工验收。勘察单位、设计单位、施工单位、监理单位、建设单位验收意见一致时，其各单位的项目负责人要亲自签字，以示对工程质量负责，并加盖单位公章，注明签字验收的年月日。验收意见不一致时，各方应进行协商，或请当地建设行政主管部门或工程质量监督机构协调处理。五方签字盖章不齐，视为未通过竣工验收，或验收达不到合格标准。

6.5.8 建筑工程质量不符合要求时的处理

质量验收过程中若不满足要求,应该按照以下程序进行处理:
(1) 经返工重做或更换器具、设备的检验批,应重新进行验收。
(2) 经有资质的检测单位检测鉴定能够达到设计要求的检验批,应予以验收。
(3) 经有资质的检测单位检测鉴定达不到设计要求,但经原设计单位核算认可能够满足结构安全和使用功能的检验批,可予以验收。
(4) 经返修或加固处理的分项、分部工程,虽然改变外形尺寸但仍能满足安全使用要求,可按技术处理方案和协商文件进行验收。
(5) 通过返修或加固处理仍不能满足安全使用要求的分部工程、单位(子单位)工程,严禁验收。

6.5.9 建筑工程施工项目质量保修

施工项目竣工交付使用后,即进入保修阶段。施工单位和建设本单位应该签订工程质量保修书,格式见附件 6-1。保修书中应详细约定保修的范围、期限、责任等。双方约定的保修范围、期限必须符合国家有关规定。

我国 2000 年 6 月 26 日建设部颁布的《房屋建筑工程质量保修办法》中规定,在正常使用条件下,房屋建筑工程的最低保修期限为:
(1) 地基基础工程和主体结构工程,为设计文件规定的该工程的合理使用年限。
(2) 屋面防水工程、有防水要求的卫生间、房间和外墙面的防渗漏,为 5 年。
(3) 供热与供冷系统,为 2 个采暖期、供冷期。
(4) 电气管线、给排水管道、设备安装为 2 年。
(5) 装修工程为 2 年。

其他项目的保修期限由建设单位和施工单位约定。房屋建筑工程保修期从工程竣工验收合格之日起计算。

6.6 工程项目质量事故的处理

6.6.1 工程项目质量事故的分类

凡是工程质量不符合建筑安装质量检验评定标准、相关施工及验收规范或设计图纸要求,造成一定经济损失或永久性缺陷的,都是工程项目质量事故。

工程质量事故可以分为一般质量事故、严重质量事故、重大质量事故、特别重大质量事故。具体见表 6-23。

表 6-23　工程项目质量事故分类

质量事故分类		直接经济损失 C（万元）	重伤 N（人）	死亡 N（人）	工程实体影响
一般质量事故		0.5≤C<5	—		影响使用功能和工程结构安全，造成永久质量缺陷
严重质量事故		5≤C<10	N≤2	—	严重影响使用功能或工程结构安全，存在重大质量隐患
重大质量事故	一级重大	C≥300	—	≥30	工程倒塌或报废
	二级重大	100≤C<300	—	10≤N≤29	
	三级重大	30≤C<100	N≥20	3≤N≤9	
	四级重大	10≤C<30	3≤N≤19	≤2	
特别重大质量事故		C≥500	一次死亡 N≥30		特别严重

6.6.2 工程项目质量事故的处理

施工质量事故发生后，一般可以按以下程序进行分析处理，如图 6-7 所示。

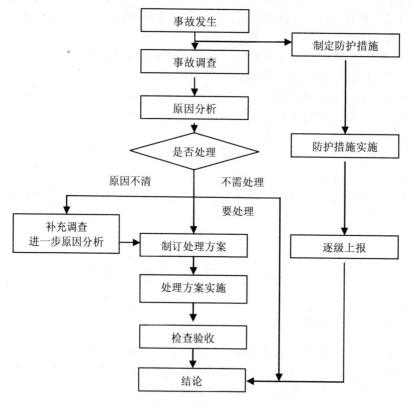

图 6-7　施工质量事故分析处理程序

（1）当出现施工质量缺陷或事故后，应停止有质量缺陷部位和其有关部位及下道工序施工，需要时还应采取适当的防护措施。同时，要及时上报主管部门。

（2）进行质量事故调查，主要目的是要明确事故的范围、缺陷程度、性质、影响和原因，为事故的分析处理提供依据。调查力求全面、准确、客观。

（3）在事故调查的基础上进行事故原因分析，正确判断事故原因。事故原因分析是确定事故处理措施方案的基础。正确的处理来源于对事故原因的正确判断。只有对调查提供充分的调查资料、数据进行详细、深入的分析后，才能由表及里、去伪存真，找出造成事故的真正原因。

（4）研究制订事故处理方案。事故处理方案的制订应以事故原因分析为基础。如果某些事故一时认识不清，而且事故一时不致产生严重的恶化，可以继续进行调查、观测，以便掌握更充分的资料数据，做进一步分析，找到原因，以利制订方案。

（5）按确定的处理方案对质量缺陷进行处理。

（6）在质量缺陷处理完毕后，应组织有关人员对处理结果进行严格的检查、鉴定和验收。

6.6.3 质量问题不作处理的论证

施工项目的质量问题，并非都要处理。即使有些质量缺陷，虽已超出了国家标准及规范要求，但也可以针对工程的具体情况，经过分析、论证，做出无需处理的结论。总之，对质量问题的处理，要实事求是，既不能掩饰，也不能扩大，以免造成不必要的经济损失和延误工期。无需作处理的质量问题常有以下几种情况：

（1）不影响结构安全，生产工艺和使用要求。例如：有的建筑物在施工中发生了错位，若要纠正，困难较大，或将造成重大的经济损失。经分析论证，只要不影响工艺和使用要求，可以不作处理。

（2）检验中的质量问题，经论证后可不作处理。例如：混凝土试块强度偏低，而实际混凝土强度，经测试论证已达到要求，就可不作处理。

（3）某些轻微的质量缺陷，通过后续工序可以弥补的，可不处理。例如：混凝土墙板出现了轻微的蜂窝、麻面，而该缺陷可通过后续工序抹灰、喷涂、刷白等进行弥补则无需对墙板的缺陷进行处理。

（4）对出现的质量问题，经复核验算仍能满足设计要求者，可不作处理。例如：结构断面被削弱后，仍能满足设计的承载能力，但这种做法实际上在挖设计的潜力，因此需要特别慎重。

6.7 实践环节

6.7.1 某工地施工质量保证措施

质量管理是项目管理中的重要环节。某项目经理部为了确保施工过程中的质量，制定了以下的保证措施：

1. 质量保证管理措施

（1）建立质量管理体系。成立质量管理小组，明确小组内的人员在质量管理中的责、权、利。

（2）加强质量教育。不断加强对职工进行有关质量法规的教育，增强全员的质量意识。

（3）加强技术培训。定期或不定期地组织职工开展岗位培训，学习有关规范、标准和操作规程，进行"四新"（新技术、新材料、新工艺、新设备）成果的技术培训和推广。

（4）建立质量信息情报网络。将材料、设备的检查验收情况、施工方案及技术交底的情况、分部分项工程的验收情况通过计算机信息平台对相关资料进行管理。

2. 质量保证控制措施

（1）施工准备措施。

① 建立符合要求的工地实验室。

② 建立严格的检测制度，按照"跟踪监测"、"复检"、"抽检"三个等级进行。

③ 重视测量工作。在保证测量设备精密准确的情况下，选派技术水平高、操作熟练的工人进行操作。

（2）工程工艺控制。

① 科学合理地制定工序质量控制点。

② 落实工序操作质量检查，及时掌握质量总体情况。

③ 对已经完成的工序，及时进行检查验收。

④ 做好工序验收资料的保管工作。

（3）工程材料控制。

① 所有原材料、半成品必须有合格证书及检验报告，所有现场材料都由试验室试验合格后方可使用。未经复试的原材料、半成品无合格证、无材质证明等不合格的材料及配套设备禁止使用在工程上。

② 加强材料的现场管理。

（4）施工操作控制。

① 重点部位及专业性很强的工种工程，操作者必须经过考核合格后方能上岗。

② 施工操作中坚持自检、互检、交接检，所有工序实行样板制，不合格的工序不交工。

③ 各工序实行挂牌制，促进操作者自我质量控制意识。

④ 整个施工过程中，贯穿工前有交底、工中有检查、工后有验收的操作方法，确保质量。

（5）隐蔽工程质量保证措施。

① 隐蔽工程施工完毕后，由施工班长在隐蔽验收记录中填写工程的基本情况，由施工技术负责人负责签字，并邀请项目工程技术负责人、质检员和建设、监理现场代表，重要部位还邀请设计单位和质量监督单位派人员参加，共同对隐蔽工程进行检查验收。

② 验收合格的隐蔽工程，及时请相关人员在隐蔽验收记录上签字，进入下一道工序施工。

③ 对于不合格的隐蔽工程，坚决返工重做，并对交接人员进行追查。

3．质量保证技术措施。

（1）建立统一的技术管理小组，相关人员分工明确，做好技术交底、材料试验和施工指导工作。

（2）严格按照技术标准和质量验收规范要求，对施工过程的每道工序和环节进行有效要控制，消除质量隐患。

（3）做好技术和质量管理的各项基础工作，工程日志、设计变更、工程质量评定资料翔实、完整。

6.7.2 钢筋安装检验批的质量验收记录

施工项目质量验收依次为检验批、分项工程、分部工程、单位工程和单项工程。检验批是施工和验收时最基础的验收单元，是质量验收的基础。现以钢筋安装为例来说明检验批资料的填写。见表 6-24。

表 6-24 钢筋安装检验批质量验收记录

020102×××

工程名称	××工程	分项工程名称	钢筋	项目经理	×××
施工单位	×××	验收部位	×××		
施工执行标准名称及编号	钢筋混凝土结构工程施工工艺标准（QB×××—2002）			专业工长（施工员）	×××
分包单位	×××	分包项目经理	×××	施工班组长	×××
质量验收规范的规定		施工单位自检记录		监理（建设）单位验收记录	

(续表)

		项目			允许偏差(mm)										符合设计及质量验收要求，同意验收。
主控项目	1	纵向受力筋的连接方式			✓										符合设计及质量验收要求，同意验收。
	2	机械连接和焊接接头的力学性能			✓										
	3	受力筋的品种、级别、规格和数量			✓										
一般项目	1	接头位置和数量			✓										
	2	机械连接、焊接的外观质量			✓										
	3	机械连接、焊接的接头面积百分率			✓										
	4	绑扎搭接接头面积百分率和搭接长度			✓										
	5	搭接长度范围内的箍筋			✓										
	6	钢筋安装允许偏差	绑扎钢筋网	长、宽	±10	×	×	×	×	×	×	×	×	×	符合设计及质量验收规范要求，同意验收
				网眼尺寸	±20	×	×	×	×	×	×	×	×	×	
			绑扎钢筋骨架	长	±10	×	×	×	×	×	×	×	×	×	
				宽、高	±5	×	×	×	×	×	×	×	×	×	
			受力钢筋	间距	±10	×	×	×	×	×	×	×	×	×	
				排距	±5	×	×	×	×	×	×	×	×	×	
				保护层厚度 基础	±10	×	×	×	×	×	×	×	×	×	
				柱、梁	±5	×	×	×	×	×	×	×	×	×	
				板、墙、壳	±3	×	×	×	×	×	×	×	×	×	
			绑扎钢筋、横向钢筋间距		±20	×	×	×	×	×	×	×	×	×	
			钢筋弯起点位置		20	×	×	×	×	×	×	×	×	×	
			预埋件	中心线位置	5										
				水平高差	+3.0										

施工操作依据	
质量检查记录	
施工单位检查结果评定	主控项目、一般项目全部合格，符合设计及施工质量验收规范的要求。 项目专业：　　　　　　　　　　项目专业： 质量检查员：×××　　　　　　技术负责人：×××　　　　×年 ×月×日
监理（建设）单位验收结论	同意验收 专业监理工程师：××× （建设单位项目专业技术负责人）　　　　　　　　　　×年 ×月×日

关于主控项目和一般项目的说明：

（1）质量验收的主控项目及检查数量和方法：

主控项目：钢筋安装时，受力钢筋的品种、级别、规格和数量必须符合设计要求。
检查数量：全数检查。
检验方法：观察、钢尺检查。
（2）**质量验收的一般项目及检查数量和方法**：
钢筋安装位置的偏差应符合表 6-25 的规定。
检查数量：在同一检验批内，对梁、柱和独立基础，应抽查构件数量的 10%，且不少于 3 件；对墙和板，应按有代表性的自然间抽查 10%，且不少于 3 间；对大空间结构，墙可按相邻轴线间高度 5m 左右划分检查面，板可按纵、横线划分检查面，抽查 10%，且均不少于 3 面。

表 6-25　钢筋安装位置的允许偏差和检验方法

项　目			允许偏差（mm）	检验方法
绑扎钢筋网	长、宽		±10	钢尺检查
	网眼尺寸		±20	钢尺量连续三档，取最大值
绑扎钢筋骨架	长		±10	钢尺检查
	宽、高		±5	钢尺检查
受力钢筋	间距		±10	钢尺量两端、中间各一点，取最大值
	排距		±5	
	保护层厚度	基础	±10	钢尺检查
		柱、梁	±5	钢尺检查
		板、墙、壳	±3	钢尺检查
绑扎箍筋、横向钢筋间距			±20	钢尺量连续三档，取最大值
钢筋弯起点位置			20	钢尺检查
预埋件	中心线位置		5	钢尺检查
	水平高差		+3，0	钢尺和塞尺检查

注：1. 检查预埋件中心线位置时，应沿纵、横两个方向量测，并取其中的较大值。
　　2. 表中梁类、板类构件上部纵向受力钢筋保护层厚度的合格点率应达到 90% 及以上，且不得有超过表中数值 1.5 倍的尺寸偏差。

附件 6-1：

工　程　质　量　保　修　书

发包人（全称）：_____
承包人（全称）：_____
为保证_____（工程名称）在合理使用期限内正常使用，发包人与承包人协商一致签订工程质量保修书。承包人在质量保修期内按照有关管理规定及双方约定承担工程质量保修责任。

一、工程质量保修范围和内容

质量保修范围包括地基基础工程、主体结构工程、屋面防水工程和双方约定的其他土建工程，以及电气管线、上下水管线的安装工程，供热、供冷系统工程等项目。具体质量保修内容双方约定如下：_____
_____

二、质量保修期

质量保修期从工程实际竣工之日算起。分单项竣工验收的工程，按单项工程分别计算质量保修期。

双方根据国家有关规定，结合具体工程约定质量保修期如下：

1. 土建工程为_____年，屋面防水工程为_____年。
2. 电气管线、上下水管线安装工程为_____。
3. 供热及供冷为_____个采暖期及供冷期。
4. 室外的上下水和小区道路等市政公用工程为_____年。
5. 其他约定。

三、质量保修责任

1. 属于保修范围和内容的项目，承包人应在接到修理通知后 7 天内派人修理。承包人不在约定期限内派人修理，发包人可委托其他人员修理，保修费用从质量保修金内扣除。

2. 发生须紧急抢修事故（如上水跑水、暖气漏水漏气、燃气漏气等），承包人接到事故通知后，应立即到达事故现场抢修。非承包人施工质量引起的事故，抢修费用由发包人承担。

3. 在国家规定的工程合理使用期限内，承包人确保地基基础工程和主体结构的质量。因承包人原因致使工程在合理使用期限内造成人身和财产损害的，承包人应承担损害赔偿责任。

四、质量保修金的支付

工程质量保修金一般不超过施工合同价款的 3%，本工程约定的工程质量保修金为施工合同价款的_____%。

本工程双方约定承包人向发包人支付工程质量保修金金额为_____（大写）。质量保修金银行利率为_____。

五、质量保修金的返还

发包人在质量保修期满后 14 天内，将剩余保修金和利息返还承包人。

六、其他

双方约定的其他工程质量保修事项：_____
_____

本工程质量保修书为施工合同附件，由施工合同发包人承包人双方共同签署。

发　包　人（公章）：　　　　　　　承　包　人（公章）：
法定代表人（签字）：　　　　　　　法定代表人（签字）：
_____年__月__日　　　　　　　　_____年__月__日

6.8 思考题

1. 施工单位的质量责任和义务有哪些?
2. 如何做好施工过程中的质量控制?
3. 施工项目质量控制的方法有哪些?
4. 检验批如何划分?合格的标准有哪些?
5. 分项工程如何划分?合格的标准有哪些?
6. 分部工程如何划分?合格的标准有哪些?

第7章 建筑工程施工项目成本管理

7.1 建筑安装工程费用组成

我国现行的建筑安装工程费用项目组成（建标[2003]206 号关于印发《建筑安装工程费用项目组成》的通知）规定，建筑安装工程费由直接费、间接费、利润和税金组成，见表7-1。

表7-1 建筑安装工程费用组成

建筑安装工程费用项目组成	直接费	直接工程费	人工费
			材料费
			施工机械使用费
		措施费	环境保护费
			文明施工费
			安全施工费
			临时设施费
			夜间施工费
			二次搬运费
			大型机械设备进出场及安拆费
			混凝土、钢筋混凝土模板及支架费
			脚手架费
			已完工程及设备保护费
			施工排水、降水费
	间接费	规费	工程排污费
			工程定额测定费
			社会保障费
			住房公积金
			危险作业意外伤害保险费
		企业管理费	管理人员工资
			办公费

(续表)

			差旅交通费
建筑安装工程费用项目组成	间接费	企业管理费	固定资产使用费
			工具用具使用费
			劳动保险费
			工会经费
			职工教育经费
			财产保险费
			财务费
			税金
			其他
	利 润		
	税 金		

7.1.1 直接费

直接费由直接工程费和措施费组成。

直接工程费是指施工过程中耗费的构成工程实体的各项费用，包括人工费、材料费、施工机械使用费。

(1) 人工费：是指为直接从事建筑安装工程施工的生产工人开支的各项费用，内容包括：

① 基本工资：是指发放给生产工人的基本工资。

② 工资性补贴：是指按规定标准发放的物价补贴，煤、燃气补贴，交通补贴，住房补贴，流动施工津贴等。

③ 生产工人辅助工资：是指生产工人年有效施工天数以外非作业天数的工资，包括职工学习、培训期间的工资，调动工作、探亲、休假期间的工资，因气候影响的停工工资，女工哺乳时间的工资，病假在六个月以内的工资及产、婚、丧假期的工资。

④ 职工福利费：是指按规定标准计提的职工福利费。

⑤ 生产工人劳动保护费：是指按规定标准发放的劳动保护用品的购置费及修理费，徒工服装补贴，防暑降温费，在有碍身体健康环境中施工的保健费用等。

(2) 材料费：是指施工过程中耗费的构成工程实体的原材料、辅助材料、构配件、零件、半成品的费用，内容包括：

① 材料原价（或供应价格）。

② 材料运杂费：是指材料自来源地运至工地仓库或指定堆放地点所发生的全部费用。

③ 运输损耗费：是指材料在运输装卸过程中不可避免的损耗。

④ 采购及保管费：是指在组织采购、供应和保管材料过程中所需要的各项费用。

⑤ 检验试验费：是指对建筑材料、构件和建筑安装物进行一般鉴定、检查所发生的费用，包括自设试验室进行试验所耗用的材料和化学药品等费用。

（3）施工机械使用费：是指施工机械作业所发生的机械使用费以及机械安拆费和场外费。包括折旧费、大修理费、经常修理费、安拆费及场外运费、人工费、燃料动力费、养路费及车船使用税等七项费用。

措施费是指为完成工程项目施工，发生于该工程施工前和施工过程中非工程实体项目的费用。包括内容：

（1）环境保护费：是指施工现场为达到环保部门要求所需要的各项费用。

（2）文明施工费：是指施工现场文明施工所需要的各项费用。

（3）安全施工费：是指施工现场安全施工所需要的各项费用。

（4）临时设施费：是指施工企业为进行建筑工程施工所必须搭设的生活和生产用的临时建筑物、构筑物和其他临时设施费用等。

（5）夜间施工费：是指因夜间施工所发生的夜班补助费、夜间施工降效、夜间施工照明设备摊销及照明用电等费用。

（6）二次搬运费：是指因施工场地狭小等特殊情况而发生的二次搬运费用。

（7）大型机械设备进出场及安拆费：是指机械整体或分体自停放场地运至施工现场或由一个施工地点运至另一个施工地点，所发生的机械进出场运输和转移费用及机械在施工现场进行安装、拆卸所需的人工费、材料费、机械费、试运转费和安装所需的辅助设施的费用。

（8）混凝土、钢筋混凝土模板及支架费：是指混凝土施工过程中需要的各种钢模板、木模板、支架等的支、拆、运输费用及模板、支架的摊销（或租赁）费用。

（9）脚手架费：是指施工需要的各种脚手架搭、拆、运输费用及脚手架的摊销（或租赁）费用。

（10）已完工程及设备保护费：是指竣工验收前，对已完工程及设备进行保护所需费用。

（11）施工排水、降水费：是指为确保工程在正常条件下施工，采取各种排水、降水措施所发生的各种费用。

7.1.2 间接费

间接费由规费、企业管理费组成。

规费是指政府和有关权力部门规定必须缴纳的费用（简称规费）。包括：

（1）工程排污费：是指施工现场按规定缴纳的工程排污费。

（2）工程定额测定费：是指按规定支付工程造价（定额）管理部门的定额测定费。

（3）社会保障费：指企业按规定标准为职工缴纳的基本养老保险费、失业保险费和基本医疗保险费。

（4）住房公积金：是指企业按规定标准为职工缴纳的住房公积金。

（5）危险作业意外伤害保险：是指按照建筑法规定，企业为从事危险作业的建筑安装施工人员支付的意外伤害保险费。

企业管理费是指建筑安装企业组织施工生产和经营管理所需费用。内容包括：

（1）管理人员工资：是指管理人员的基本工资、工资性补贴、职工福利费、劳动保护费等。

（2）办公费：是指企业管理办公用的文具、纸张、账表、印刷、邮电、书报、会议、水电、烧水和集体取暖（包括现场临时宿舍取暖）用煤等费用。

（3）差旅交通费：是指职工因公出差、调动工作的差旅费、住勤补助费、市内交通费和误餐补助费、职工探亲路费、劳动力招募费、职工离退休及退职一次性路费、工伤人员就医路费、工地转移费以及管理部门使用的交通工具的油料、燃料、养路费及牌照费。

（4）固定资产使用费：是指管理和试验部门及附属生产单位使用的属于固定资产的房屋、设备仪器等的折旧、大修、维修或租赁费。

（5）工具用具使用费：是指管理使用的不属于固定资产的生产工具、器具、家具、交通工具和检验、试验、测绘、消防用具等的购置、维修和摊销费。

（6）劳动保险费：是指由企业支付离退休职工的易地安家补助费、职工退职金、六个月以上的病假人员工资、职工死亡丧葬补助费、抚恤费、按规定支付给离休干部的各项经费。

（7）工会经费：是指企业按职工工资总额计提的工会经费。

（8）职工教育经费：是指企业为职工学习先进技术和提高文化水平，按职工工资总额计提的费用。

（9）财产保险费：是指施工管理用财产、车辆保险。

（10）财务费：是指企业为筹集资金而发生的各种费用。

（11）税金：是指企业按规定缴纳的房产税、车船使用税、土地使用税、印花税等。

（12）其他：包括技术转让费、技术开发费、业务招待费、绿化费、广告费、公证费、法律顾问费、审计费、咨询费等。

利润是指施工企业完成所承包工程获得的盈利。

税金是指国家税法规定的应计入建筑安装工程造价内的营业税、城市维护建设税及教育费附加等。

7.2 建筑安装工程费计价程序

根据建设部第 107 号部令《建筑工程施工发包与承包计价管理办法》的规定，发包与承包价的计算方法分为工料单价法和综合单价法。

7.2.1 工料单价法计价程序

工料单价法是以分部分项工程量乘以单价后的合计为直接工程费,而直接工程费由人工、材料、机械的消耗量及其相应价格确定。直接工程费汇总后另加间接费、利润、税金生成工程发承包价,其计算程序分为三种:

(1) 以直接费为计算基础,见表 7-2。

表 7-2 以直接费为计算基础

序号	费用项目	计算方法	备注
(1)	直接工程费	按预算表	
(2)	措施费	按规定标准计算	
(3)	小计	(1)+(2)	
(4)	间接费	(3)×相应费率	
(5)	利润	[(3)+(4)]×相应利润率	
(6)	合计	(3)+(4)+(5)	
(7)	含税造价	(6)×(1+相应税率)	

(2) 以人工费和机械费为计算基础,见表 7-3。

表 7-3 以人工费和机械费为计算基础

序号	费用项目	计算方法	备注
(1)	直接工程费	按预算表	
(2)	其中人工费和机械费	按预算表	
(3)	措施费	按规定标准计算	
(4)	其中人工费和机械费	按规定标准计算	
(5)	小计	(1)+(3)	
(6)	人工费和机械费小计	(2)+(4)	
(7)	间接费	(6)×相应费率	
(8)	利润	(6)×相应利润率	
(9)	合计	(5)+(7)+(8)	
(10)	含税造价	(9)×(1+相应税率)	

(3) 以人工费为计算基础,见表 7-4。

表 7-4 以人工费为计算基础

序号	费用项目	计算方法	备注
（1）	直接工程费	按预算表	
（2）	直接工程费中人工费	按预算表	
（3）	措施费	按规定标准计算	
（4）	措施费中人工费	按规定标准计算	
（5）	小计	(1)+(3)	
（6）	人工费小计	(2)+(4)	
（7）	间接费	(6)×相应费率	
（8）	利润	(6)×相应利润率	
（9）	合计	(5)+(7)+(8)	
（10）	含税造价	(9)×(1+相应税率)	

7.2.2 综合单价法计价程序

综合单价法是分部分项工程单价为全费用单价，全费用单价经综合计算后生成，其内容包括直接工程费、间接费、利润和税金。各分项工程量乘以综合单价的合价汇总后，生成工程发承包价。

由于各分部分项工程中的人工、材料、机械含量的比例不同，各分项工程可根据其材料费占人工费、材料费、机械费合计的比例（以字母"C"代表该项比值）在以下三种计算程序中选择一种计算其综合单价。

（1）当 $C > C_0$（C_0 为本地区原费用定额测算所选典型工程材料费占人工费、材料费和机械费合计的比例）时，可采用以人工费、材料费、机械费合计为基数计算该分项的间接费和利润。

以直接费为计算基础，见表 7-5。

表 7-5 以直接费为计算基础

序号	费用项目	计算方法	备注
（1）	分项直接工程费	人工费+材料费+机械费	
（2）	间接费	(1)×相应费率	
（3）	利润	[(1)+(2)]×相应利润率	
（4）	合计	(1)+(2)+(3)	
（5）	含税造价	(4)×(1+相应税率)	

（2）当 $C < C_0$ 值的下限时，可采用以人工费和机械费合计为基数计算该分项的间接费和利润。见表 7-6。

表 7-6 以人工费和机械费为计算基础

序号	费用项目	计算方法	备注
（1）	分项直接工程费	人工费+材料费+机械费	
（2）	其中人工费和机械费	人工费+机械费	
（3）	间接费	(2)×相应费率	
（4）	利润	(2)×相应利润率	
（5）	合计	(1)+(3)+(4)	
（6）	含税造价	(5)×(1+相应税率)	

（3）如该分项的直接费仅为人工费，无材料费和机械费时，可采用以人工费为基数计算该分项的间接费和利润。见表 7-7。

表 7-7 以人工费和机械费为计算基础

序号	费用项目	计算方法	备注
（1）	分项直接工程费	人工费+材料费+机械费	
（2）	直接工程费中人工费	人工费	
（3）	间接费	(2)×相应费率	
（4）	利润	(2)×相应利润率	
（5）	合计	(1)+(3)+(4)	
（6）	含税造价	(5)×(1+相应税率)	

7.3 建筑工程施工项目成本管理的主要任务及内容

建筑工程项目成本包括直接费和间接费两部分。施工成本管理就是要在保障工期和质量要求的情况下，利用组织措施、经济措施、技术措施、合同措施把成本控制在计划范围内，并进一步寻求最大程度的成本节约。

7.3.1 施工成本管理的主要任务

施工成本管理的主要任务包括：成本预测、成本计划、成本控制、成本核算、成本分析和成本考核。

（1）施工成本预测。

施工成本预测是根据成本信息和施工项目的具体情况，运用一定的专门方法，对未来的成本水平及其可能发展趋势做出科学的估计，是在工程施工以前对成本进行的估算。通过成本预测,可以在满足项目业主和本企业要求的前提下,选择成本低、效益好的最佳成本方案,并能够在施工项目成本形成过程中,针对薄弱环节,加强成本控制,克服盲目性,提高预见性。因此,施工成本预测是施工项目成本决策与计划的依据。

(2) 施工成本计划。

施工成本计划是以货币形式编制施工项目在计划期内的生产费用、成本水平、成本降低率以及为降低成本所采取的主要措施和规划的书面方案。它是建立施工项目成本管理责任制、开展成本控制和核算的基础,是该项目降低成本的指导文件,是设立目标成本的依据。可以说,成本计划是目标成本的一种形式。

施工成本计划编制的依据包括:

① 投标报价文件、已签订的工程合同、分包合同(或估价书)。
② 企业定额、施工预算。
③ 施工组织设计或施工方案。
④ 人工、材料、机械台班的市场价。
⑤ 企业颁布的材料指导价、企业内部机械台班价格、劳动力内部挂牌价格。
⑥ 周转设备内部租赁价格、摊销损耗标准。
⑦ 有关财务成本核算制度和财务历史资料。
⑧ 施工成本预测资料。
⑨ 拟采取的降低施工成本的措施。
⑩ 其他相关资料。

施工成本计划的编制方式有:

① 按成本组成编制施工成本计划。

施工成本可以分解为直接费和间接费,直接费可以分解为人工费、材料费、施工机械使用费和措施费,如图 7-1 所示。

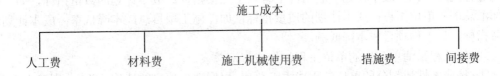

图 7-1 按成本组成编制施工成本计划

② 按子项目组成编制施工成本计划。

可以将施工项目总成本分解到单项工程和单位工程,再进一步分解到分部和分项工程,如图 7-2 所示。

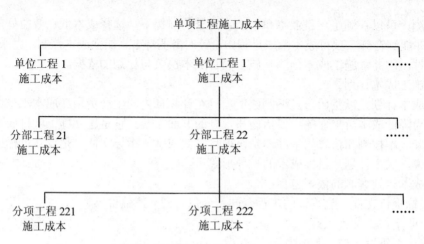

图 7-2 按子项目组成编制施工成本计划

③ 按工程进度编制施工成本计划。

在建立网络图时,一方面确定完成各项工作所花费的时间,另一方面同时确定完成这一工作合适的施工成本支出计划,形成按时间进度的施工成本计划。

以上三种编制成本计划的方法并不是相互独立的,可以将三种方法结合使用。

施工成本计划的具体内容包括:

① 编制说明。

指对工程的范围、投标竞争过程及合同条件、承包人对项目经理提出的责任成本目标、施工成本计划编制的指导思想和依据等的具体说明。

② 施工成本计划的指标。

施工成本计划的指标应经过科学的分析预测确定,可以采用对比法、因素分析法等方法来进行测定。施工成本计划一般情况下有以下三类指标:成本计划的数量指标,如:按分部汇总的各单位工程;成本计划的质量指标,如:施工项目总成本降低率;成本计划的效益指标,如工程项目成本降低额。

③ 按工程量清单列出的单位工程计划成本汇总表。

④ 按成本性质划分的单位工程成本汇总表,根据清单项目的造价分析,分别对人工费、材料费、机械费、措施费、企业管理费和税费进行汇总,形成单位工程成本计划表。

(3)施工成本控制。

施工成本控制是指在施工过程中,对影响施工成本的各种因素加强管理,并采取各种有效措施,将施工中实际发生的各种消耗和支出严格控制在成本计划范围内,随时揭示并及时反馈,严格审查各项费用是否符合标准,计算实际成本和计划成本之间的差异并进行分析,进而采取多种措施,消除施工中的损失浪费现象。建设工程项目施工成本控制应贯穿于项目从投标阶段开始直至竣工验收的全过程,它是企业全面成本管理的重要环节。施工成本控制可分为事前控制、事中控制（过程控制）和事后控制。在项目的施工过程中，需按动态控制原理对实际施工成本的发生过程进行有效控制。

（4）施工成本核算。

施工成本核算是按照规定的成本开支范围对施工费用进行归集，计算出施工费用的实际发生额，并根据成本核算对象，采用适当的方法，计算出该施工项目的总成本和单位成本。对竣工工程的成本核算，应区分为竣工工程现场成本和竣工工程完全成本，分别由项目经理部和企业财务部门进行核算分析，其目的在于分别考核项目管理绩效和企业经营效益。施工项目成本核算所提供的各种成本信息，是成本预测、成本计划、成本控制、成本分析和成本考核等各个环节的依据。

（5）施工成本分析。

施工成本分析是在成本形成的过程中，对施工项目成本进行的对比评价和总结工作。施工成本分析贯穿于施工成本管理的全过程，其是在成本的形成过程中，主要利用施工项目的成本核算资料，与目标成本、预算成本以及类似的施工项目的实际成本等进行比较。了解成本的变动情况，同时也要分析主要技术经济指标对成本的影响，系统地研究成本变动的因素，检查成本计划的合理性，并通过成本分析，深入揭示成本变动的规律，寻找降低施工项目成本的途径，以便有效地进行成本控制。

（6）施工成本考核。

施工成本考核是指在施工项目完成后，对施工项目成本形成中的各责任者，按施工项目成本目标责任制的有关规定，将成本的实际指标与计划、定额、预算进行对比和考核，评定施工项目成本计划的完成情况和各责任者的业绩，并以此给予相应的奖励和处罚。通过成本考核，做到有奖有惩，赏罚分明，才能有效地调动每一位员工在各自施工岗位上努力完成目标成本的积极性，为降低施工项目成本和增加企业的积累，做出自己的贡献。

施工成本考核分为两个层次：一是企业对项目经理的考核；二是项目经理对所属部门、施工队和班组的考核。

企业对项目经理考核的内容包括：

① 项目成本目标和阶段成本目标的完成情况。
② 建立以项目经理为核心的成本管理责任制的落实情况。
③ 成本计划的编制和落实情况。
④ 对各部门、各施工队和班组责任成本的检查和考核情况。
⑤ 在成本管理中责权利相结合原则的贯彻执行情况。

项目经理对所属各部门、各施工队和班组考核的内容包括：

① 对各部门的考核内容：本部门、本岗位责任成本的完成情况；本部门、本岗位成本管理责任的执行情况。

② 对各施工队的考核内容：对劳务合同规定的承包范围和承包内容的执行情况；劳务合同以外的补充收费情况；对班组施工任务单的管理情况，以及班组完成施工任务后的

考核情况。

③ 对生产班组的考核内容（平时由施工队考核）：以分部分项工程成本作为班组的责任成本。以施工任务单和限额领料单的结算资料为依据，与施工预算进行对比，考核班组责任成本的完成情况。

施工成本管理的每一个环节都是相互联系和相互作用的。成本预测是成本决策的前提，成本计划是成本决策所确定目标的具体化。成本计划控制则是对成本计划的实施进行控制和监督，保证决策的成本目标的实现，而成本核算又是对成本计划是否实现的最后检验，它所提供的成本信息又为下一个施工项目成本预测和决策提供基础资料。成本考核是实现成本目标责任制的保证和实现决策目标的重要手段。

7.3.2 施工成本管理的主要内容

（1）工程预付款。

工程预付款是建设工程施工合同订立后由发包人按照合同的约定，在正式开工前预先支付给承包人的工程款。它是施工准备和所需材料、结构件等流动资金的主要来源。

按照我国有关规定，实行工程预付款的，双方应当在合同专用条款内约定发包方向承包方预付工程款的时间和数额，开工后按约定的时间和比例逐次扣回。预付时间应不迟于约定的开工日期前7天。发包人不按照约定预付，承包人在约定预付时间7天后向发包方发出预付款的通知，发包人收到通知后仍不能按要求预付，承包人可在发出通知7天后停工，发包人应从约定支付之日起向承包人支付应付款的贷款利息，并承担违约责任。

工程预付款额度，各地区、各部门的规定不完全相同，主要是保证施工所需材料和构件的正常储备。一般是根据施工工期、建安工作量、主要材料和构件费用占建安工作量的比例以及材料储备周期等因素经测算来确定。发包人根据工程的特点、工期长短、市场行情、供求规律等因素，招标时在合同条件中约定工程预付款的百分比。

（2）工程进度款。

随着工程的进展，发包方要向承包方及时支付工程进度款。《建设工程施工合同（示范文本）》关于工程款的支付做出了相应的约定："在确认计量结果后14天内，发包人应向承包人支付工程款（进度款）"。还约定"发包人超过约定的支付时间不支付工程款（进度款），承包人可向发包人发出要求付款的通知，发包人接到承包人通知后仍不能按要求付款，可与承包人协商签订延期付款协议，经承包人同意后可延期支付"。协议应明确延期支付的时间和从计量结果确认后第15天起计算应付款的贷款利息。"发包人不按合同约定支付工程款（进度款），双方又未达成延期付款协议，导致施工无法进行，承包人可停止施工，由发包人承担违约责任"。

（3）工程结算。

工程结算是指施工单位（分包单位）将已完成的部分工程，向建设单位（总包单位）

结算工程价款，其目的是用以根据合同要求补偿施工过程中资金的耗用，以确保工程的顺利进行。

施工项目结算可以根据不同情况采取多种方式：

① 按月结算。即先预付部分工程款，在施工过程中按月结算工程进度款，竣工后进行竣工结算。

② 竣工后一次结算。建设项目或单项工程全部建筑安装工程建设期在 12 个月以内，或者工程承包合同价值在 100 万元以下的，可以实行工程价款每月月中预支，竣工后一次结算。

③ 分段结算，即当年开工。当年不能竣工的单项工程或单位工程按照工程形象进度，划分不同阶段进行结算。

④ 结算双方约定的其他结算方式。

实行竣工后一次结算和分段结算的工程，当年结算的工程款应与分年度的工作量一致，年终不另清算。

（4）竣工结算。

《建设工程施工合同（示范文本）》约定："工程竣工验收报告经发包人认可后 28 天内，承包人向发包人递交竣工结算报告及完整的结算资料，双方按照协议书约定的合同价款及专用条款约定的合同价款调整内容，进行工程竣工结算。"专业监理工程师审核承包人报送的竣工结算报表；总监理工程师审定竣工结算报表；与发包人、承包人协商一致后，签发竣工结算文件和最终的工程款支付证书。

发包人收到承包人递交的竣工结算报告及结算资料后 28 天内进行核实，给予确认或者提出修改意见。发包人确认竣工结算报告后通知经办银行向承包人支付竣工结算价款。承包人收到竣工结算价款后 14 天内将竣工工程交付发包人。

发包人收到竣工结算报告及结算资料后 28 天内无正当理由不支付工程竣工结算价款，从第 29 天起按承包人同期向银行贷款利率支付拖欠工程价款的利息，并承担违约责任。

发包人收到竣工结算报告及结算资料后 28 天内无正当理由不支付工程竣工结算价款，承包人可以催告发包人支付结算价款。发包人在收到竣工结算报告及结算资料后 56 天内仍不支付的，承包人可以与发包人协议将该工程折价，也可以由承包人申请人民法院将该工程依法拍卖，承包人就该工程折价或者拍卖的价款优先受偿。

工程竣工验收报告经发包人认可后 28 天内，承包人未能向发包人递交竣工结算报告及完整的结算资料，造成工程竣工结算不能正常进行或工程竣工结算价款不能及时支付，发包人要求交付工程的，承包人应当交付；发包人不要求交付工程的，承包人承担保管责任。

（5）工程变更价款的确定。

《建设工程施工合同（示范文本）》约定的工程变更价款的确定方法为：

在工程变更确定后 14 天内，设计变更涉及工程价款调整的，由承包人向发包人提出，经发包人审核同意后调整合同价款。变更合同价款按照下列方法进行：

① 合同中已有适用于变更工程的价格，按合同已有的价格变更合同价款。

② 合同中只有类似于变更工程的价格，可以参照类似价格变更合同价款。

③ 合同中没有适用或类似于变更工程的价格，由承包人或发包人提出适当的变更价格，经对方确认后执行。

如双方不能达成一致意见，双方可提请工程所在地工程造价管理机构进行咨询或按合同约定的争议或纠纷解决程序办理。因此，在变更后合同价款的确定上，首先应当考虑使用合同中已有的、能够适用或者能够参照适用的，其原因在于合同中已经订立的价格（一般是通过招投标）是较为公平合理的，因此应当尽量采用。

7.4 建筑工程施工项目成本控制和分析的方法

7.4.1 施工成本控制方法

施工成本成本控制的方法很多，下面主要介绍挣值法。

挣值法又称为赢得值法或偏差分析法，是在工程项目实施中使用较多的一种方法，可以对项目进度和费用进行综合控制。利用挣值法可以求得任意检查时刻的成本偏差和进度偏差。计算公式如下：

施工成本偏差(CV) = 已完工程实际施工成本($ACWP$)
—已完工程计划施工成本($BCWP$)

施工进度偏差(SV) = 拟完工程计划施工成本($BCWS$)
—已完工程计划施工成本($BCWP$)

式中：

已完工程实际施工成本=已完工程量×实际单位成本
已完工程计划施工成本=已完工程量×计划单位成本
拟完工程计划施工成本=拟完工程量×计划单位成本

施工成本偏差和进度偏差的计算结论见表7-8。

表7-8 施工成本偏差和进度偏差的计算结论

序号	偏差种类	偏差值	结论
1	施工成本偏差	$CV>0$	成本超支
		$CV=0$	成本按计划执行
		$CV<0$	成本节约
2	施工进度偏差	$SV>0$	进度拖延
		$SV=0$	进度按计划执行
		$SV<0$	进度提前

挣值法可以采用不同的表现形式，常有横道图法、表格法和曲线法。

（1）横道图法。

横道图法是用不同的横道标识已完成工程计划施工成本、拟完工程计划施工成本和已完工工程实际施工成本，横道的长度与其金额成正比。

横道图法具有形象、直观、一目了然等优点，它能够准确表达出施工成本的偏差，而且能一眼感受到偏差的严重性。但这种方法反映的信息量少，一般在项目的高层领导中使用。如图 7-3 所示。

项目编码	项目名称	施工成本参数数额（万元）	施工成本偏差（万元）	进度偏差（万元）
041	木门窗安装	30 / 30 / 30	0 正常	0 正常
042	钢门窗安装	40 / 30 / 50	−10 成本节约	10 进度拖延
已完成工程实际施工成本		拟完成工程计划施工成本		已完成工程计划施工成本

图 7-3 横道图的施工成本偏差分析

（2）表格法。

表格法也是进行偏差分析最常用的方法之一，它将项目编号、名称、各施工成本参数以及施工成本偏差综合归纳入一张表格中，并且直接在表格中进行比较。由于各偏差都在表中列出，使得施工成本管理者能够综合地了解并处理这些数据。

表格法具有灵活、适用性强、信息量大的特点。表格处理可借助于计算机，从而节约大量数据处理所需的人力，并大大提高速度。如表 7-9 所示。

表 7-9 施工成本偏差分析表

项目名称	(2)	木门窗安装	钢门窗安装
单位	(3)		
计划单位成本	(4)		
拟完工程量	(5)		
拟完工程计划施工成本	(6)=(5)×(4)	30	50
已完工程量	(7)		

（续表）

已完工程计划施工成本	(8)=(7)×(4)	30	40
实际单位成本	(9)		
已完工程实际施工成本	(10)=(7)×(9)	30	30
施工成本偏差	(11)=(10)−(8)	0	−10
施工进度偏差	(12)=(6)−(8)	0	10

（3）曲线法。

曲线法是用施工成本累计曲线（S 曲线）来进行施工成本偏差分析的一种方法。如图 7-4 所示。图中 *ACWP* 表示已完工程实际成本值曲线，*BCWP* 表示已完工程计划成本曲线，*BCWS* 表示拟完工程计划成本值曲线。如图 7-4 所示。

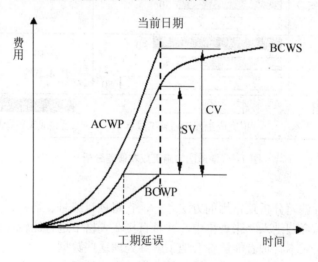

图 7-4　曲线法的施工成本偏差分析

曲线法分析同样具有形象、直观的特点，但这种方法很难直接用于定量分析，只能对定量分析起一定的作用。

7.4.2　施工成本分析方法

施工成本分析的基本方法包括：比较法、因素分析法、差额计算法。下面作一下简单介绍。

（1）比较法。

比较法又称"指标对比分析法"，就是通过技术经济指标的对比，检查计划的完成情况，分析产生差异的原因，从而挖掘降低成本的内在潜力。该法通俗易懂，简单易行。

比较法的应用通常有以下两种形式：

① 将实际指标与计划指标对比。以检查计划的完成情况，分析完成计划的积极因素和影响计划完成的原因，以便及时采取措施，保证成本目标的实现。

② 实际指标与上期实际指标对比。通过这种对比，可以看出各项技术经济指标的动态情况，反映施工项目管理水平的提高程度。

③ 实际指标与本行业平均水平、先进水平对比。通过这种对比，可以反映本项目的技术管理和经济管理与其他项目的平均水平和先进水平的差距，进而采取措施赶超先进水平。

例如：某项目本年计划节约"三材"8万元，实际节约10万元，上年节约6万元，本行业先进水平节约11万元。根据上述资料编制分析表，见表7-10。

表7-10 材料费节约对比分析表　单位(万元)

本期实际	上期实际	企业先进	本期计划	差异数		
				与上期比	与企业先进比	与本期计划比
10	6	11	8	4	−1	2

由上述分析表可知：

与上期比节约4万元，项目管理水平有较大提高；

与企业先进水平比超支1万元，与企业先进水平比有一定差距；

与计划比节约2万元，圆满完成了计划。

（2）因素分析法。

因素分析法又称连锁置换法或连环替代法。这种方法可用来分析各种因素对成本形成的影响程度。在进行分析时，首先要假定众多因素中的一个因素发生了变化，而其他因素则不变，然后逐个替换，并分别比较其计算结果，以确定各个因素的变化对成本的影响程度。

例如：某工程浇捣一层结构商品混凝土，实际成本比计划成本超支19760元。具体数据见表7-11。用"因素分析法"分析产量、单价、损耗率等因素的变动对实际成本的影响程度。已知商品混凝土的实际成本=商品混凝土产量×单价×（1+损耗率）。

表7-11 商品混凝土计划成本与实际成本对比表

项目	单位	计划	实际	差额
产量	m³	500	520	+20
单价	元	700	720	+20
损耗率	%	4	2.5	−0.5
成本	元	36400	383760	+19760

根据上述资料，进行连环替代计算，求出产量、单价、损耗率等因素变动对成本的影响程度，如表 7-12 所列。

表 7-12　商品混凝土成本变动因素分析表

顺　　序	连环替代计算	差异	因　素　分　析
计　划　数	500×700×1.04=364000		
第一次替代	520×700×1.04=378560	14560	产量增加 20 m³ 使成本增加 14560 元
第二次替代	520×200×1.04=389376	10816	单价提高 20 元使成本增加 10816 元
第三次替代	520×200×1.025=389376	－5616	损耗率降低 1.5%使成本减少 5616 元
合　计	14560+10816－5616=19760		综合结果导致成本增加 19760 元

（3）差额计算法。

差额计算法是因素分析法的一种简化形式，它利用各个因素的计划与实际的差额来计算其对成本的影响程度。

仍采用表 7-11 所示的数据，用差额计算法进行分析，具体计算见表 7-13。

表 7-13　差额计算法分析商品混凝土成本变动因素

因　　素	差　　额	影　响　程　度
产量	+20 m³	20×700×1.04=14560
单价	+20 元	20×520×1.04=10816
损耗率	－1.5%	－0.015×520×720=－5616

7.5　建筑工程施工项目成本影响因素及控制措施

7.5.1　施工项目成本影响因素

影响施工成本的因素很多，下面就主要的几个影响因素进行分析，以便在施工过程中进行合理的管理，从而降低施工成本，争取最大的利润空间。

（1）施工成本控制体系对成本的影响。成本控制体系的建立是项目部施工成本控制的前提和基础。项目部施工成本控制是一个系统工程，是全员、全过程的成本控制，需要项目部每一个部门及每一位人员的参与。

（2）施工进度对成本的影响。项目经理部制订了进度计划后，要严格按照实施。若进度超前，必须投入更多的人力、物力，从而导致成本上升；若进度滞后，会导致大量的人员和设备滞留在施工现场，而且也会失去其他项目的施工机会。因此，项目经理部要在合理的施工进度范围内进行施工，避免进度过快或过慢给成本控制带来的负面效应。

（3）施工质量对成本的影响。项目经理部施工项目的质量目标应该是合同约定的标准。提高施工质量，必须增加质量的预防成本和检测成本；若质量不合格，又会增加质量事故处理的成本。

（4）施工安全对成本的影响。施工单位要采取必要的措施，保证施工过程中的材料设备不受损失及施工人员的人身安全。良好的安全保证措施是降低施工成本有效的保证。

（5）施工生产要素对成本的影响。施工生产要素包括人、材料、设备、技术、资金。对施工生产要素合理地进行管理可以有效地降低成本。

人工费、材料费、施工机械使用费构成了施工项目的直接工程费，占施工成本很大的比例。施工过程中要严格限定上述三要素的消耗量，合理确定其单价，从而有效控制成本。技术对成本的影响体现在制订切实可行的施工方案，从而降低施工成本。项目经理部要制定合理的资金使用计划，投入太多会造成浪费，投入不足又会影响施工进度与工程质量。因此资金要进行合理周转，尽量减少不必要的费用支出。

除此之外，施工的范围、施工变更及索赔等均会给成本管理带来一定的影响，也是成本控制中应该考虑的因素。

7.5.2　施工项目成本控制措施

施工成本控制措施包括组织措施、技术措施、经济措施及合同措施。

（1）组织措施。

项目经理是项目成本管理的第一责任人，全面组织项目部的成本管理工作，应及时掌握和分析盈亏状况，并迅速采取有效措施。

工程技术部是整个工程项目施工技术和进度的负责部门，应在保证质量、按期完成任务的前提下尽可能采取先进技术，以降低工程成本。

经营部负责合同实施和项目经理工作，负责工程进度款的计量与支付工作，处理施工索赔等问题。

财务部负责工程项目的财务工作，及时分析项目的财务收支情况，合理调度资金。

（2）技术措施。

一是制订先进的经济、合理的施工方案，以达到缩短工期、提高质量、降低成本的目的。

二是在施工过程中努力寻求各种降低消耗、提高工效的新工艺、新材料等降低成本的技术措施。

三是严把质量关，杜绝返工现象，缩短验收时间，节省费用开支。

（3）经济措施。

① 人工费控制管理。主要是改善劳动组织，减少窝工浪费；实行合理的奖惩制度；加

强劳动纪律,压缩非生产用工和辅助用工,严格控制非生产人员比例。

② 材料费控制管理。主要是改进材料的采购、运输、收发、保管等方面的工作,减少各个环节的损耗;节约采购费用;合理堆置现场材料,避免和减少二次搬运;严格材料进场验收和限额领料制度。

③ 机械费控制管理。主要是正确选配和合理利用机械设备,搞好机械设备的保养修理,提高机械的完好率、利用率和使用效率。

④ 间接费控制。主要是精简管理机构,合理确定管理幅度与管理层次,节约施工管理费等等。

(4) 合同措施。

加强合同的签订及实施中的管理工作,严格按照合同约定进行索赔管理。

7.6 思考题

1. 建筑安装工程费用由哪些项目组成?
2. 如何做好人工费、材料费、施工机械使用费的控制?
3. 施工项目成本控制的方法有哪些?
4. 施工项目成本的影响因素有哪些?

第8章 建筑工程施工项目生产要素管理

8.1 生产要素管理概述

生产要素是指人们创造出产品所必需的各种要素。施工项目的生产要素是投入施工项目的劳动力、材料、机械设备、技术和资金诸要素。加强生产要素的管理,是施工项目管理的重要组成部分。

施工项目生产要素包括:人力资源、材料设备、机械设备、技术及资金。

生产要素的管理程序包括:

(1) 编制计划。按合同要求,编制资源配置计划,确定投入资源的数量与时间。

(2) 资源供应。根据资源配置计划,做好各种资源的供应工作。

(3) 过程控制。根据各种资源的特性,采取科学的措施,进行有效组合,协调投入,动态调控。

(4) 分析和改进。对资源投入和使用情况定期分析,找出资源管理中存在的问题,总结经验并持续改进。

8.2 建筑工程施工项目人力资源管理

8.2.1 施工项目人力资源管理体制

施工项目人力资源配置有两种形式。一是企业内部劳务队伍,二是外部劳务市场的劳务分包企业。

按照建设部企业资质标准,将形成有资质的劳务分包公司。劳务分包公司种类及资质见表8-1。

表8-1 劳务分包公司种类、资质及作业分包范围

序号	分包公司种类	资质等级	作业分包范围
1	木工作业	一级企业	可承担各类工程的木工作业分包业务,但单项业务合同额不超过企业注册资本金(30万元以上)的5倍。

（续表）

序号	分包公司种类	资质等级	作业分包范围
1	木工作业	二级企业	可承担各类工程的木工作业分包业务，但单项业务合同额不超过企业注册资本金（10万元以上）的5倍。
2	砌筑作业	一级企业	可承担各类工程砌筑作业（不含各类工业炉窑砌筑）分包业务，但单项业务合同额不超过企业注册资本金（30万元以上）的5倍。
2	砌筑作业	二级企业	可承担各类工程砌筑作业（不含各类工业炉窑砌筑）分包业务，但单项业务合同额不超过企业注册资本金（10万元以上）的5倍。
3	抹灰作业	不分等级	可承担各类工程的抹灰作业分包业务，但单项业务合同额不超过企业注册资本金（30万元以上）的5倍。
4	石制作业	不分等级	可承担各类石制作业分包业务，但单项业务合同额不超过企业注册资本金（30万元以上）的5倍。
5	油漆作业	不分等级	可承担各类工程油漆作业分包业务，但单项业务合同额不超过企业注册资本金（30万元以上）的5倍。
6	钢筋作业	一级企业	可承担各类工程钢筋绑扎、焊接作业分包业务，但单项业务合同额不超过企业注册资本金（30万元以上）的5倍。
6	钢筋作业	二级企业	可承担各类工程钢筋绑扎、焊接作业分包业务，但单项业务合同额不超过企业注册资本金（10万元以上）的5倍。
7	混凝土作业	不分等级	可承担各类工程混凝土作业分包业务，但单项业务合同额不超过企业注册资本金（30万元以上）的5倍。
8	脚手架作业	一级企业	可承担各类工程的脚手架（不含附着升降脚手架）搭设作业分包业务，但单项业务合同额不超过企业注册资本金（50万元以上）的5倍。
8	脚手架作业	二级企业	可承担20层或高度60米以下各类工程的脚手架（不含附着升降脚手架）作业分包业务，但单项业务合同额不超过企业注册资本金（20万元以上）的5倍。
9	模板作业	一级企业	可承担各类工程模板作业分包业务，但单项业务合同额不超过企业注册资本金（30万元以上）的5倍。
9	模板作业	二级企业	可承担普通钢模、木模、竹模、复合模板作业分包业务，但单项业务合同额不超过企业注册资本金（10万元以上）的5倍。
10	焊接作业	一级企业	可承担各类工程焊接作业分包业务，但单项业务合同额不超过企业注册资本金（30万元以上）的5倍。
10	焊接作业	二级企业	可承担普通焊接作业的分包业务，但单项业务合同额不超过企业注册资本金（10万元以上）的5倍。
11	水暖电安装作业	不分等级	可承担各类工程的水暖电安装作业分包业务，但单项业务合同额不超过企业注册资本金（30万元以上）的5倍。
12	钣金作业分包企业	不分等级	可承担各类工程的钣金作业分包业务，但单项业务合同额不超过企业注册资本金（30万元以上）的5倍。
13	架线作业	不分等级	可承担各类工程的架线作业分包业务，但单项业务合同额不超过企业注册资本金（50万元以上）的5倍。

凡工程量在 50 万元以上，需进行劳务分包的项目，由项目部按照工程需要劳动力计划，提出招标要求，企业主管部门组织进行招标，同时审核投标人的资格，中标后由劳务主管部门与劳务分包公司签订劳务分包合同。

8.2.2 人力资源管理的工作步骤

项目人力资源管理包括有效地使用涉及项目的人员所需的全过程。人力资源的管理步骤如下：

（1）编制人力资源规划。根据项目对人力资源的需求，建立项目的组织结构，组建和优化项目管理班子，并将确定的项目角色、组织结构、职责和报告关系形成文档。

（2）通过招聘增补员工。

（3）通过解聘减少员工。

（4）进行人员甄选，经过以上四个步骤，可以确定和选聘到有能力的员工。

（5）员工的定向。

（6）员工的培训。培训可以提高员工的工作技能和知识，增进员工的工作能力。培训要根据组织需求、工作需求和个人需求分析，确定培训目标、培训对象和培训方法，并且及时合理评估培训效果。

（7）培养能适应组织和不断更新技能与知识的能干的员工。

（8）员工的绩效考评。绩效考核是企业对员工在工作过程中表现出来的业绩、工作的数量、质量、工作能力、工作态度（含品德）和社会效益等进行评价，并用评价结果来判断员工与其岗位的要求是否相称。绩效考核要建立切合实际的考核体系，从而保证公平合理。

（9）员工的业务提高和发展。

8.3 建筑工程施工项目材料管理

材料（含构配件）是工程施工的物质条件，材料的质量是工程质量的基础，材料质量的优劣直接影响工程质量的合格与否。施工单位应该加强材料的质量控制，以满足工程质量和进度的要求。

8.3.1 施工项目材料采购

施工合同中应该详细约定由施工单位采购的材料范围。

项目经理部所需的主要材料、大宗材料应编制材料需要计划，由企业物资部门订货或市场采购，按计划供给项目经理部。企业物资部门应制订采购计划，审定供应人，建立合格供应人目录,对供应方进行考核,签订供货合同,确保供应工作质量和材料质量。

施工项目所需的特殊材料和零星材料,在《项目管理目标责任书》中约定,应按承包人授权由项目经理部采购。项目经理部应编制采购计划,报企业物资部门批准,按计划采购。

材料采购应该签订采购合同,在施工过程中对采购合同进行有效的管理。

掌握材料采购信息,建立合格生产厂家目录,优选供货商,就可获得质量好、价格低的材料资源,从而确保工程质量,降低工程造价。

8.3.2 施工材料现场验收

现场材料验收包括:验收准备、质量验收和数量验收。

(1) 验收准备。

材料进场前,根据施工平面布置图,进行存料场地及设施的准备。场地应该平整夯实,按需要建棚、建库。

认真核对进料凭证,经核对确认是应收的料具后,方能办理质量验收和数量验收。

(2) 质量验收。

① 对用于工程的主要材料,进入现场的材料应有生产厂家的材质证明(包括厂名、品种、出厂日期、出厂编号、试验数据)和出厂合格证。如不具备或对检验证明有影响时,应补做检验。

② 工程中所有各种构件,必须具有厂家批号和出厂合格证。钢筋混凝土和预应力钢筋混凝土构件,均应按规定的方法进行抽样检验。由于运输、安装等原因出现的构件质量问题,应分析研究,经处理鉴定后方能使用。

③ 凡标志不清或认为质量有问题的材料;对质量保证资料有怀疑或与合同规定不符的一般材料;由工程重要程度决定,应进行一定比例试验的材料,需要进行追踪检验,以控制和保证其质量的材料等,均应进行抽检。对于进口的材料设备和重要工程或关键施工部位所用的材料,则应全部进行检验。

④ 材料质量抽样和检验的方法,应符合《建筑材料质量标准与管理规程》,要能反映该批材料的质量性能。对于重要构件或非匀质的材料,还应酌情增加采样的数量。

⑤ 在现场配制的材料,如混凝土、砂浆、防水材料、防腐材料、绝缘材料、保温材料等的配合比,应先提出试配要求,经试配检验合格后才能使用。

⑥ 对进口材料、设备应会同商检局检验,如核对凭证时发现问题,应取得供方和商检人员签署的商务记录,按期提出索赔。

⑦ 高压电缆、电压绝缘材料、要进行耐压试验。

(3) 数量验收。

① 大宗材料,实行砖落地点丁。砂石按计量换算验收,抽查率不得低于10%。

② 水泥装的按袋点数,袋重抽查率不得低于 10%;散装的除采取措施卸干净外,按

磅抽查。

③ 三大构件实行点件、点根、点数和检尺的验收方法。

④ 对有包装的材料，除按包装件数实行全数检查外，属于重要的、专用的、易燃易爆、有毒物品应逐项逐件点数、验尺和过磅。

8.3.3 施工材料现场使用

加强施工材料的现场使用管理，主要从以下几方面入手：

（1）对材料性能、质量标准，适用范围和对施工要求必须充分了解，以便慎重选择和使用材料。

（2）凡是用于重要结构、部位的材料，使用时必须仔细地核对、认证，其材料的品种、规格、型号、性能有无错误，是否适合工程特点和满足设计要求。

（3）新材料应用，必须通过试验和鉴定；代用材料必须通过计算和充分的论证，并要符合结构构造的要求。

（4）材料认证不合格时，不许用于工程中；有些不合格的材料，如过期、受潮的水泥是否降级使用，亦需结合工程的特点予以论证，但决不允许用于重要的工程或部位。

8.3.4 施工材料的管理

施工材料的管理包括施工现场的管理及仓库管理两方面。

（1）施工现场的管理应该注意以下几个方面：

① 据工程平面总布置图的规划，确立现场材料的贮存位置和堆放面积，各种材料要避免混放和掺进杂物。

② 现场材料应堆放成方成垛，分批分类摆放整齐，并垫高加盖，按材料性质分别采取防火、防潮、防晒、防雨等保护措施。

③ 材料员对现场材料应按《产品标识和可追溯性管理规定》挂牌标识，并注意保护。

（2）材料的库存管理应该注意以下几个方面：

① 入库的材料应按型号、品种分区堆放，并分别编号、标识。

② 易燃易爆的材料应专门存放、专人负责保管，并有严格的防火、防爆措施。

③ 有保质期的库存材料应定期检查，防止过期并做好标识。

④ 定期清仓，做到账、卡、物三相符。做好各种材料的收、发、存记录，掌握材料使用动态和库存动态。

8.3.5 施工材料的发放和领用

材料的发放及领用是施工现场材料管理的重要环节，凡有定额的工程用料，都应实行限额领料制度。限额领料是指生产班组在完成施工生产任务中，所使用的材料品种、数量应用及其所承担的生产任务相符合。限额领料的品种，可根据本企业的施工水平定。一般为基础、结构部位的水泥、砌块等，装修部位的水泥、瓷砖、大理石等，钢筋可与班组签订承包协议。不能执行限额领料的材料，应在项目部主管材料负责人审批后由材料员发放。

8.4 建筑工程施工项目机械管理

施工机械设备是实现施工机械化的重要物质基础，是现代化施工中必不可少的设备，对施工项目的进度、质量均有直接影响。施工单位应该综合考虑项目特点及施工工艺和方法，做好设备的管理工作，以便提高效率，保证施工进度和质量。

8.4.1 施工项目机械的来源

项目经理部应编制机械设备使用计划报企业审批。施工项目所需机械设备可通过以下四种方式提供给项目经理部使用。

（1）本企业原有机械。

（2）进入施工现场的分包工程施工队伍自带的施工机械。可以视为本企业自有机械并进行管理。

（3）租赁。可以向本企业专业机械租赁公司租赁或从社会上的设备机械租赁市场上租用设备。租赁的机械设备要签订租赁协议或合同，明确双方对施工机械设备的管理责任和义务。

（4）企业新购买的施工机械设备。施工企业应该通过技术经济分析确定是租赁还是购置新的施工机械。

远离公司本部的项目经理部，可由企业法定代表人授权，就地解决机械设备来源。

8.4.2 施工机械设备的选择

机械设备的选用，应着重从机械设备的选型、机械设备的主要性能参数两方面予以控制。

（1）机械设备的选型。

机械设备的选择，应本着因地制宜、因工程制宜，按照技术上先进、经济上合理、生产上适用、性能上可靠、使用上安全、操作方便和维修方便的原则，突出施工与机械相结合的特色，使其具有工程的适用性，具有保证工程质量的可靠性，具有使用操作的方便性和安全性。

(2) 机械设备的主要性能参数。

机械设备的主要性能参数是选择机械设备的依据，要能满足需要和保证质量的要求。

如起重机的选择是吊装工程的重要环节，因为起重机的性能和参数直接影响构件的吊装方法，起重机开行路线与停机点的位置、构件预制和就位的平面布置等问题。根据工程结构的特点，应使所选择的起重机的性能参数，必须满足结构吊装中的起重量 Q、起重高度 H 和起重半径 R 的要求，才能保证正常施工，不至于引起安全质量事故。

8.4.3 施工机械设备的使用

合理使用机械设备，正确地进行操作，是保证项目施工质量的重要环节。应贯彻"人机固定"原则，实行定机、定人、定岗位责任的"三定"制度。操作人员必须认真执行各项规章制度，严格遵守操作规程，防止出现安全质量事故。

要认真执行以岗位责任制为主的各项制度，做到合理使用、原始记录齐全准确。

要认真执行保养规程，做到精心保养，随时搞好清洁、润滑、调整、紧固、防腐。

要认真遵守安全操作规程和有关安全制度，做到安全生产，无机械事故。

要加强施工机械使用过程中的管理对进场的机械设备必须进行安装验收，并做到资料准确齐全。进入现场的机械设备在使用中应做好维护和管理。

8.5 建筑工程施工项目技术管理

施工技术管理是建筑业企业运用系统的观点、理论、方法对施工项目的技术要素与技术活动进行的计划、组织、监督、控制、协调等全过程、全方位的管理。

8.5.1 施工项目技术管理制度

项目经理部一般应该建立以下几方面的技术管理制度：

(1) 建立施工项目部技术责任制。明确项目技术负责人为责任人，落实各职能人员的职务、责任、权力和义务。

(2) 建立施工图纸、勘察、设计文件管理制度。明确责任人并制定管理制度，经批准后实施。管理制度应该明确文件的收发份数、标识、保存及无效文件的回收流程，使每位应该持有文件的相关人员能及时、如数持有有关文件并记录。

(3) 建立图纸会审制度。明确技术负责人为责任人，指定专人指定会审制度，经批准后实施。项目经理部先组织内审，明确外审时所提的问题及解决方案。然后参加建设单位组织的图纸外审。外审时由内审负责人完成会审记录，技术负责人完成三方签证工作。项目经理部内各专业的记录应该相互会签。

(4) 建立工程洽商、设计变更管理制度。开工前由项目技术负责人明确责任人,由责任人组织制定管理制度,经批准后实施。做到工程洽商、设计变更的内容、变更项所在图纸上编号、节点号清楚、内容详尽、图文结合。

(5) 建立原材料、成品、半成品检验和施工试验制度。由项目技术负责人明确责任人和分专业负责人,由责任人和分专业负责人制定制度,批准年后实施。

(6) 建立技术交底制度。由技术负责人责成专人负责组织相关专业负责人制定技术交底制度,经批准后实施。技术交底是管理者就某项工程的构造、材料要求、使用的机具、操作工艺、质量标准、检验方法及安全、环保、劳保要求,在施工前对操作者所作所为系统说明。技术交底应该分级、分专业进行并有文字记录,交底人和接受交底人均应签字确认。

(7) 建立隐、预检工作制度。由技术负责人明确专人任责任人,组织相关人员制定管理制度,经批准后实施。隐、预检实行统一领导,分专业管理。并及时形成相关工程资料。

(8) 建立技术措施与成品保护措施制度。由技术负责人责成专人任责任人,实行统一领导,分级管理,由责任人负责组织专业负责人编制管理制度。

8.5.2 施工项目技术负责人的职责

项目技术负责人应履行下列职责:
(1) 主持项目的技术管理。
(2) 主持制订项目技术管理工作计划。
(3) 组织有关人员熟悉与审查图纸,主持编制项目管理实施规划的施工方案并组织落实。
(4) 负责"技术交底"。
(5) 组织做好测量及其核定。
(6) 指导质量检验和试验。
(7) 审定技术措施计划并组织实施。
(8) 参加工程验收,处理质量事故。
(9) 组织各项技术资料的签证、收集、整理和归档。
(10) 领导技术学习,交流技术经验。
(11) 组织专家进行技术攻关。

8.5.3 施工项目经理部的技术工作

(1) 项目经理部在接到工程图纸后,按过程控制程序文件的要求进行内部审查,并汇总意见。

（2）项目技术负责人应参与发包人组织的设计会审，提出设计变更意见，进行一次性设计变更洽商。

（3）在施工过程中，如发现设计图纸中存在问题，或因施工条件变化必须补充设计，或需要材料代用，可向设计人提出工程变更洽商书面资料。工程变更洽商应由项目技术负责人签字。

（4）编制施工方案。

（5）技术交底必须贯彻施工验收规范、技术规程、工艺标准、质量检验评定标准等要求。书面资料应由签发人和审核人签字，使用后归入技术资料档案。

（6）项目经理部应将分包人的技术管理纳入技术管理体系，并对其施工方案的制订、技术交底、施工试验、材料试验、分项工程预检和隐检、竣工验收等进行系统的过程控制。

（7）对后续工序质量有决定作用的测量与放线、模板、翻样、预制构件吊装、设备基础、各种基层、预留孔、预埋件、施工缝等应进行施工预验并做好记录。

（8）各类隐蔽工程应进行隐检、做好隐蔽验收记录、办理隐蔽验收手续，参与各方责任人确认、签字。

（9）项目经理部应按项目管理实施规划和企业的技术措施纲要实施技术措施计划。

（10）项目经理部应设技术资料管理人员，做好技术资料的收集、整理和归档工作，并建立技术资料台账。

8.6 思 考 题

1. 简述施工项目生产要素的种类。
2. 简述施工材料、机械的管理要点。

第 9 章 建筑工程施工项目安全管理

9.1 建筑工程施工项目安全管理概述

9.1.1 安全管理基本概念

安全生产是为了使生产过程在符合物质条件和工作秩序下进行，防止发生人身伤亡和财产损失等生产事故，消除或控制危险有害因素，保障人身安全与健康，设备和设施免受损坏，环境免遭破坏的总称。

工程安全管理是指对建设活动过程中所涉及的安全事项进行的管理，包括建设行政主管部门对建设活动中的安全问题所进行的行业管理和从事建设活动的主体对自己建设活动的安全生产所进行的企业管理。从事建设活动的主体所进行的安全生产管理包括建设单位对安全生产的管理，设计单位对安全生产的管理，施工单位对安全生产的管理等。

9.1.2 安全控制基本程序

安全管理的基本程序如图 9-1 所示。

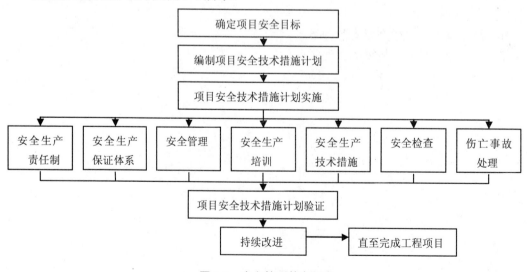

图 9-1 安全管理基本程序

9.2 建筑工程施工项目安全管理制度

国务院《关于加强企业生产中安全工作的几项规定》中规定了我国安全生产中应该遵循以下几项制度：

9.2.1 安全生产责任制度

安全生产责任制度是建筑生产中最基本的安全管理制度，是所有安全规章制度的核心。安全生产责任制度是指将各种不同的安全责任落实到负有安全管理责任的人员和具体岗位人员身上的一种制度。安全生产责任制的主要内容包括：

（1）从事建筑活动主体的负责人的责任制。比如，建筑施工企业的法定代表人要对本企业的安全生产负主要的责任。

（2）从事建筑活动主体的职能机构或职能处室负责人及其工作人员的安全生产责任制。比如，建筑企业根据需要设置的安全处室或者专职安全人员要对安全负责。

（3）岗位人员的安全生产责任制。岗位人员必须对安全负责。从事特种作业的安全人员必须进行培训，经过考试合格后方能上岗作业。

（4）安全技术措施计划制度是安全管理制度的一个重要组成部分，是企业有计划地改善劳动条件和安全设施，防止工伤事故和职业病的重要措施之一。安全技术措施计划应包括改善劳动条件、防止伤亡事故、预防职业病和职业中毒等内容，具体有以下几种：

① 安全技术措施。如：防护装置、防爆炸等设施。
② 职业健康措施。如：防尘、防毒、降温等措施。
③ 辅助设施、措施。如：休息、消毒等措施。
④ 职业健康安全宣传措施。如：安全展览、安全培训等措施。

9.2.2 安全生产教育制度

安全教育包括法制、思想、知识、技能及事故案例教育等种类。具体教育内容包括：

（1）新工人必须进行公司、工地和班组的三级安全教育。教育内容包括安全生产方针、政策、法规、标准及安全技术知识、设备性能、操作规程、安全制度、严禁事项及本工种的安全操作规程。

（2）电工、焊工、架工、司炉工、爆破工、机操工及起重工、打桩机和各种机动车辆司机等特殊工种工人，除进行一般安全教育外，还要经过本工种的专业安全技术教育。

（3）采用新工艺、新技术、新设备施工和调换工作岗位时，对操作人员进行新技术、新岗位的安全教育。

9.2.3 安全生产检查制度

《建设施工安全检查标准》（JDJ59-99）对安全检查制定了相应规定，分为"保证项目"和"一般项目"两大类，共计10个小项，每项10分，共计100分。内容详见表9-1。

表9-1 安全检查内容及评分表

检查项目		扣分标准
保证项目（60分）	安全生产责任制（10分）	未建立安全责任制的扣10分 各级部门未执行责任制的扣4～6分 经济承包中无安全生产指标的扣10分 未制定各工种安全技术操作规程的扣10分 未按规定配备专（兼）职安全员的扣10分 管理人员责任制考核不合格的扣5分
	目标管理（10分）	未制定安全管理目标(伤亡控制指标和安全达标、文明施工目标)的扣10分 未进行安全责任目标分解的扣10分 无责任目标考核规定的扣8分 考核办法未落实或落实不好的扣5分
	施工组织设计（10分）	施工组织设计中无安全措施扣10分 施工组织设计未经审批扣10分 专业性较强的项目未单独编制专项安全施工组织设计扣8分 安全措施不全面扣2～4分 安全措施无针对性扣6～8分 安全措施未落实扣8分
	分部（分项）工程安全技术交底（10分）	无书面安全技术交底扣10分 交底针对性不强扣4～6分 交底不全面扣4分 交底未履行签字手续扣2～4分
	安全检查（10分）	无定期安全检查制度扣5分 安全检查无记录扣5分 检查出事故隐患整改做不到定人、定时间、定措施扣2-6分 对重大事故隐患整改通知书所列项目未如期完成扣5分
	安全教育（10分）	无安全教育制度扣10分 新入厂工人未进行三级安全教育扣10分 无具体安全教育内容扣6～8分 变换工种时未进行安全教育扣10分 每有一人不懂本工种安全技术操作规程扣2分 施工管理人员未按规定进行年度培训的扣5分 专职安全员未按规定进行年度培训考核或考核不合格的扣5分

(续表)

检查项目		扣 分 标 准
一般项目（40分）	班前安全活动（10分）	未建立班前安全活动制度扣10分 班前安全活动无记录扣2分
	特种作业持证上岗（10分）	一人未经培训从事特种作业扣4分 一人未持操作证上岗扣2分
	工伤事故处理（10分）	工伤事故未按规定报告扣3~5分 工伤事故未按事故调查分析规定处理扣10分 未建立工伤事故档案扣4分
	安全标志（10分）	无现场安全标志布置总平面图扣5分 现场未按安全标志总平面图设置安全标志的扣5分

建筑施工安全检查评分，应以汇总表的总得分及保证项目达标与否，作为对一个施工现场安全生产情况的评价依据，分为优良、合格、不合格三个等级，详见表9-2。

除此之外还包括十项分项检查评分表和一张检查评分汇总表，评分汇总表见表9-3。

表9-2 安全生产检查评分等级及标准

序号	评定等级	评定标准
1	优良	在检查评分中，当保证项目中有一项不得分或保证项目小计得分不足40分时，此检查评分表不应得分。汇总表得分值应在80分及其以上
2	合格	在检查评分中，当保证项目中有一项不得分或保证项目小计得分不足40分时，此检查评分表不应得分。汇总表得分值应在70分及其以上
		有一分表未得分，但汇总表得分值必须在75分及其以上
		当起重吊装检查评分表或施工机具检查评分表未得分，但汇总表得分值在80分及其以上
3	不合格	汇总表得分值不足70分
		有一分表未得分，且汇总表得分在75分以下
		当起重吊装检查评分表或施工机具检查评分表未得分，且汇总表得分值在80分以下

表 9-3 建筑施工安全检查评分汇总表

企业名称：　　　　　　　　　　经济类型：　　　　　　　　　资质等级：

单位工程（施工现场名称	建筑面积 m²	结构类型	总计得分（满分分值100分）	项目名称及分值									
				安全管理（满分分值为10分）	文明施工（满分分值为20分）	脚手架（满分分值为10分）	基坑支护与模板工程（满分分值为10分）	"三宝""四口"防护（满分分值为10分）	施工用电（满分分值为10分）	物料提升机与外用电梯（满分分值为10分）	塔吊（满分分值为10分）	起重吊装（满分分值为5分）	施工机具（满分分值为5分）

评语：

检查单位		负责人		项目经理	
				年　　月　　日	

9.2.4 伤亡事故及职业病统计报告和处理制度

（1）伤亡事故的分类。

伤亡事故是指企业职工在生产劳动过程中，发生的人身伤害（以下简称伤害）、急性中毒（以下简称中毒）。根据《企业职工伤亡事故分类标准》(GB6441-86)的规定，伤亡事故分类见表9-4。

表9-4 伤亡事故分类

分类方式	种类	满足条件	
按照伤害程度分类	轻伤	损失工作日在1个以上，105个工作日以下的失能伤害	
	重伤	损失工作日在105个以上，6000个工作日以下的失能伤害	
	死亡		
按照事故严重程度分类	轻伤事故	只有轻伤的事故	
	重伤事故	只有重伤	
	死亡	重大伤亡事故	指一次事故死亡1~2人的事故
		特大伤亡事故	指一次事故死亡3人以上的事故（含3人）
按照事故类别分类	物体打击、车辆伤害、机械伤害、起重伤害、触电、淹溺、灼烫、火灾、高处坠落、坍塌、冒顶片帮、透水、放炮、火药爆炸、瓦斯爆炸、锅炉爆炸、容器爆炸、其他爆炸、中毒和窒息、其他伤害		

注：损失工作日是指被伤害者失能的工作时间。

伤亡事故统计应该按照 1989 年国务院第 34 号令《特别重大事故调查程序暂行规定》及 1991 年国务院第 75 号令《企业职工伤亡事故报告和处理规定》执行。

（2）伤亡事故责任者。

一旦发生安全事故，为了准确地实行处罚，必须根据事故调查所确认的事实，分清事故责任。事故责任者可以分为三种：

① 直接责任者是指其行为与事故的发生有直接关系的人员。

② 主要责任者是指对事故的发生起主要作用的人员。

③ 领导责任者是指对事故的发生负有领导责任的人员。

伤亡事故责任的分类及相关条件见表 9-5。

表 9-5 伤亡事故责任分类

责任种类	满 足 条 件
直接责任	① 违章指挥或违章作业、冒险作业造成事故的。
主要责任	② 违反安全生产责任制和操作规程，造成伤亡事故的。 ③ 违反劳动纪律、擅自开动机械设备或擅自更改、拆除、毁坏、挪用安全装置和设备，造成事故的。
领导责任	① 由于安全生产规章、责任制度和操作规程不健全，职工无章可循，造成伤亡事故。 ② 未按规定对职工进行安全教育和技术培训，或职工未经考试合格上岗操作造成伤亡事故的。 ③ 机械设备超过检修期限或超负荷运行，或因设备有缺陷又不采取措施，造成伤亡事故的。 ④ 作业环境不安全，又未采取措施，造成伤亡事故的。 ⑤ 基本建设工程和技术发行项目中，尘毒治理和安全设施不与主体工程同时设计、审批、同时施工、同时验收、投产使用，造成伤亡事故的。

（3）2001 年第 60 号主席令公布《中华人民共和国职业病防治法》中指出，职业病是指企业、事业单位和个体经济组织(以下统称用人单位)的劳动者在职业活动中，因接触粉尘、放射性物质和其他有毒、有害物质等因素而引起的疾病。职业病的分类和目录由国务院卫生行政部门会同国务院劳动保障行政部门规定、调整并公布。用人单位应当建立、健全职业病防治责任制，加强对职业病防治的管理，提高职业病防治水平，对本单位产生的职业病危害承担责任。

其他安全管理制度还包括安全监察制度和"三同时"制度等。安全监察是指国家安全监察部门对企业实施职业健康安全监督检查。1994 年第 28 号主席令《中华人民共和国劳动法》中规定：新建、改建、扩建工程的劳动安全卫生设施必须与主体工程同时设计、同时施工、同时投入生产和使用，是指"三同时"制度。施工单位必选按照审查批准的设计文件进行施工，不得擅自更改安全设施的设计，并对施工质量负责。

9.3 施工单位的安全责任

《建设工程安全生产管理条例》中有关施工单位的安全责任规定如下：

施工单位从事建设工程的新建、扩建、改建和拆除等活动，应当具备国家规定的注册资本、专业技术人员、技术装备和安全生产等条件，依法取得相应等级的资质证书，并在其资质等级许可的范围内承揽工程。

施工单位主要负责人依法对本单位的安全生产工作全面负责。施工单位应当建立健全安全生产责任制度和安全生产教育培训制度，制定安全生产规章制度和操作规程，保证本单位安全生产条件所需资金的投入，对所承担的建设工程进行定期和专项安全检查，并做好安全检查记录。

施工单位对列入建设工程概算的安全作业环境及安全施工措施所需费用，应当用于施工安全防护用具及设施的采购和更新、安全施工措施的落实、安全生产条件的改善，不得挪做他用。

施工单位应当设立安全生产管理机构，配备专职安全生产管理人员。建设工程实行施工总承包的，由总承包单位对施工现场的安全生产负总责。垂直运输机械作业人员、安装拆卸工、爆破作业人员、起重信号工、登高架设作业人员等特种作业人员，必须按照国家有关规定经过专门的安全作业培训，并取得特种作业操作资格证书后，方可上岗作业。

施工单位应当在施工组织设计中编制安全技术措施和施工现场临时用电方案，对下列达到一定规模的且危险性较大的分部分项工程编制专项施工方案，并附具安全验算结果，经施工单位技术负责人、总监理工程师签字后实施，由专职安全生产管理人员进行现场监督：

（1）基坑支护与降水工程。
（2）土方开挖工程。
（3）模板工程。
（4）起重吊装工程。
（5）脚手架工程。
（6）拆除、爆破工程。
（7）国务院建设行政主管部门或者其他有关部门规定的其他危险性较大的工程。

建设工程施工前，施工单位负责项目管理的技术人员应当对有关安全施工的技术要求向施工作业班组、作业人员做出详细说明，并由双方签字确认。

施工单位应当在施工现场入口处、施工起重机械、临时用电设施、脚手架、出入通道口、楼梯口、电梯井口、孔洞口、桥梁口、隧道口、基坑边沿、爆破物及有害危险气体和液体存放处等危险部位，设置明显的安全警示标志。安全警示标志必须符合国家标准。

施工单位应当将施工现场的办公、生活区与作业区分开设置，并保持安全距离。

办公、生活区的选址应当符合安全性要求。职工的膳食、饮水、休息场所等应当符合卫生标准。施工单位不得在尚未竣工的建筑物内设置员工集体宿舍。

施工单位对因建设工程施工可能造成损害的毗邻建筑物、构筑物和地下管线等，应当采取专项防护措施。

施工单位应当在施工现场建立消防安全责任制度，确定消防安全责任人，制定用火、用电、使用易燃易爆材料等各项消防安全管理制度和操作规程，设置消防通道、消防水源，配备消防设施和灭火器材，并在施工现场入口处设置明显标志。

施工单位应当向作业人员提供安全防护用具和安全防护服装，并书面告知危险岗位的操作规程和违章操作的危害。作业人员应当遵守安全施工的强制性标准、规章制度和操作规程，正确使用安全防护用具、机械设备等。

施工单位采购、租赁的安全防护用具、机械设备、施工机具及配件，应当具有生产（制造）许可证、产品合格证，并在进入施工现场前进行查验。

施工单位在使用施工起重机械和整体提升脚手架、模板等自升式架设设施前，应当组织有关单位进行验收，也可以委托具有相应资质的检验检测机构进行验收；使用承租的机械设备和施工机具及配件的，由施工总承包单位、分包单位、出租单位和安装单位共同进行验收。验收合格后方可使用。

施工单位的主要负责人、项目负责人、专职安全生产管理人员应当经建设行政主管部门或者其他有关部门考核合格后方可任职。作业人员进入新的岗位或者新的施工现场前，应当接受安全生产教育培训。未经教育培训或者教育培训考核不合格的人员，不得上岗作业。

施工单位应当为施工现场从事危险作业的人员办理意外伤害保险。

9.4　实践环节：安全管理案例

[案例 1]

某单层工业厂房项目，檐高 20m，建筑面积 5800m^2。施工单位在拆除顶层钢模板时，将拆下的 18 根钢管（每根长 4m）和扣件运到井字架的吊盘上，5 名工人随吊盘一起从屋顶高处下落。此时恰好操作该机械的人员因事不在岗，一名刚刚招来两天的合同工开动了卷扬机。在卷扬机下降工程中，钢丝绳突然折断，人随吊盘下落坠地，造成 2 人死亡、3 人重伤的恶性后果。

问题：

（1）本工程这起重大事故可定为哪种等级的重大事故？依据是什么？

（2）试简要分析造成这起事故的原因。

（3）伤亡事故的处理程序是怎样的？

（4）重大事故发生后，事故发生单位应在 24h 内写出书面报告，并按规定逐级上报。

重大事故书面报告（初报表）应包括哪些内容？

（5）事故处理结案后，应将事故资料归档保存，需保存哪些资料？

[案例 1]答：

（1）按照建设部《工程建设重大事故报告和调查程序规定》，本工程这起重大事故可定为四级重大事故。上述《规定》总则第三条规定：具备下列条件之一者为四级重大事故：

① 死亡 3 人以下。

② 重伤 3 人以上，19 人以下。

③ 直接经济损失 10 万元以上，不满 30 万元。

（2）造成这起事故的原因是：

① 违反了货运升降机严禁载人上下的安全规定。

② 违反了卷扬机应由经过专门培训且合格的人员操作的规定。

③ 对卷扬机缺少日常检查和维修保养，致使使用中发生伤亡事故。

（3）伤亡事故处理的程序一般为：

① 迅速抢救伤员并保护好事故现场。

② 组织调查组。

③ 现场勘察。

④ 分析事故原因，明确责任者。

⑤ 制定预防措施。

⑥ 提出处理意见，写出调查报告。

⑦ 事故的审定和结案。

⑧ 员工伤亡事故登记记录。

（4）重大事故书面报告（初报表）应包括以下内容：

① 事故发生的时间、地点、工程项目、企业名称。

② 事故发生的简要经过、伤亡人数和直接经济损失的初步估计。

③ 事故发生原因的初步判断。

④ 事故发生后采取的措施及事故控制情况。

⑤ 事故报告单位。

（5）事故处理结案后，需保存的资料有：

① 职工伤亡事故登记表。

② 职工伤亡、重伤事故调查报告及批复。

③ 现场调查记录、图纸、照片。

④ 技术鉴定和试验报告。

⑤ 物证、人证材料。

⑥ 直接和间接经济损失材料。

⑦ 事故责任者自述材料。

⑧ 医疗部门对伤亡人员的诊断书。
⑨ 发生事故时工艺条件、操作情况和设计资料。
⑩ 有关事故的通报、简报及文件。
⑪ 注明参加调查组的人员名单、职务、单位。

[案例 2]
　　某建筑公司在某小区工地施工中，使用吊篮脚手架进行外檐装修作业。某日，吊篮升至 10 层时，南端吊点的卡扣突然崩开，导致中间吊点承重钢丝绳的卡扣也相继崩开，吊链链条同时断裂，吊篮脚手架向南倾斜约 40°，位于吊篮中部的 1 名作业人员被抛出，坠落至地面死亡（落差为 27m）。经事故调查，该单位在组装吊篮时未按安全技术规范进行操作，吊点设置不合理。吊索连接本应为插接，但施工时改变成为卡接的方式，且卡具安装数量未按工艺要求。在提升作业中，未能同步提升，造成吊索具受力不均。由于荷载的进一步转嫁及断裂后失稳动载的作用，最终使其他卡扣相继崩裂及吊链链条同时断裂，吊篮倾斜。篮内的作业人员又未使用安全带，致使事故发生时失去了自身保护能力，坠地身亡。

　　问题：
　　（1）简要分析造成这起事故的原因。
　　（2）何谓安全控制？安全控制的目标有哪些？
　　（3）进行安全生产管理时，经常提及的"三同时"、"四不放过"的内容是什么？
　　（4）对查出的安全隐患要做到"五定"，分别指什么？
　　（5）"三级安全教育"的内容是什么？请简要说明。

案例[2]答：
（1）造成这起事故的原因是：
① 吊篮组装不符合安全规定，没有按照安全技术交底进行，承重钢丝绳卡接的卡扣数量不够，造成卡扣受力过大而断裂。
② 在作业前，施工管理人员对吊篮进行安全检查不到位，未能及时发现事故隐患，形成吊篮带"病"运行。
③ 安全生产过程的管理不到位，作业人员违反安全操作规程，高处作业未系安全带。
（2）安全控制是通过对生产过程中涉及的计划、组织、监控、调节和改进等一系列致力于满足生产安全所进行的管理活动。
　　安全控制的目标是减少和消除生产过程中的事故，保证人员健康安全和财产免受损失。具体可包括：
① 减少或消除人的不安全行为的目标。
② 减少或消除设备、材料的不安全状态的目标。
③ 改善生产环境和保护自然环境的目标。
④ 安全管理的目标。

（3）进行安全生产管理时，"三同时"是指安全生产与经济建设、企业深化改革、技术改造同步策划、同步发展、同步实施的原则。

"四不放过"是指在调查处理工伤事故时，必须坚持事故原因分析不清不放过，员工及事故责任人受不到教育不放过，事故隐患不整改不放过，事故责任人不处理不放过的原则。

（4）对查出的安全隐患要做到"五定"，即定整改责任人、定整改措施、定整改完成时间、定整改完成人、定整改验收人。

（5）"三级安全教育"是指公司、项目经理部、施工班组三个层次的安全教育。三级教育的内容、时间及考核结果要有记录。按照建设部《建筑业企业职工安全培训教育暂行规定》的规定：

公司教育内容是：国家和地方有关安全生产的方针、政策、法规、标准、规范、规程和企业的安全规章制度等。

项目经理部教育内容是：工地安全制度、施工现场环境、工程施工特点及可能存在的不安全因素等。

施工班组教育内容是：本工种的安全操作规程、事故案例剖析、劳动纪律和岗位讲评等。

9.5 思考题

1. 简述安全管理的程序。
2. 简述伤亡事故的分类及处理程序。
3. 项目经理如何做好现场的安全管理？

第 10 章 建筑工程施工项目现场管理

10.1 建筑工程施工项目现场管理概论

10.1.1 施工项目现场管理的基本概念

建筑工程所指的施工现场是指用于该项目的施工活动,经有关部门批准占用的场地。这些场地可以用于生产或生活或两者兼有的目的,当该项施工结束后,这些场地将不再使用。施工现场包括红线以内或红线以外的用地,但不包括施工单位自有的场地或生产基地。

施工现场的管理是对施工项目现场内的活动及空间进行的管理。良好的现场管理使场容美观整洁、道路畅通、材料放置有序、施工有条不紊,而且安全、消防、安保均能得到有效的保障,并且使得与项目有关的相关方都能达到满意。

1991 年 12 月 5 号建设部 15 号令发布的《建设工程施工现场管理规定》中,对建设单位以及施工单位的现场管理作了详细的规定。详见附件 10-1。

10.1.2 施工现场管理体系

施工项目现场管理的组织体系根据项目管理情况有所不同。发包人可将现场管理的全部工作委托给总包单位,由总包单位作为现场管理的主要负责人,详见图 10-1。而当发包人未将现场管理的全面工作委托给总包单位时,发包人应承担现场管理的负责工作,详见图 10-2。

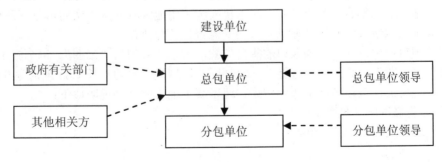

图 10-1 总包单位负责的现场管理体系

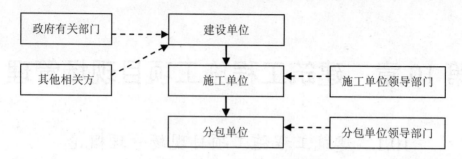

图 10-2 建设单位负责的现场管理体系

现场管理的主管单位的确定是现场管理的基础，应在合同中予以明确。

现场管理除去在现场的单位外，当地政府的有关部门如市容管理、消防、公安等部门，现场周围的公众、居民委员会以及总包、施工单位的上级领导部门也会对现场管理工作施加影响。

施工单位对现场管理工作的管理部门的安排不尽一致，有的企业将现场管理工作分配给安全部门，有的则分配给办公室或企业管理办公室。现场管理工作的分配可以不一致，但应考虑到现场管理的复杂性和政策性，应当安排了解全面工作，组织各部门协同工作的部门和人员进行管理为妥。小型项目的现场管理可由兼职人员担任，大型项目应有专人管理。

10.1.3 现场管理的一般规定

《建设工程项目管理规范》中对施工项目现场管理的一般规定如下：

（1）项目经理部认真搞好施工现场管理，做到文明施工、安全有序、整洁卫生、不扰民、不损害公共利益。

（2）现场门头应设置承包人的标志。承包人项目经理部应负责施工现场场容文明形象管理的总体策划和部署；各分包人应在承包人施工用地区域的场容文明形象管理规划，严格执行并纳入承包人的现场管理范畴，接受监督管理与协调。

（3）项目经理部应在现场入口的醒目位置，公示"五牌"、"二图"。每个施工现场的"五牌"、"二图"的具体内容可能不一定相同，但规格一般为：长 1.83 米，宽 0.915 米，标准规格七夹板横放，内部字体为仿宋。现以某工地为例举例说明如下：

① 工程概况牌（见图 10-3）。

② 安全纪律牌（见图 10-4）。

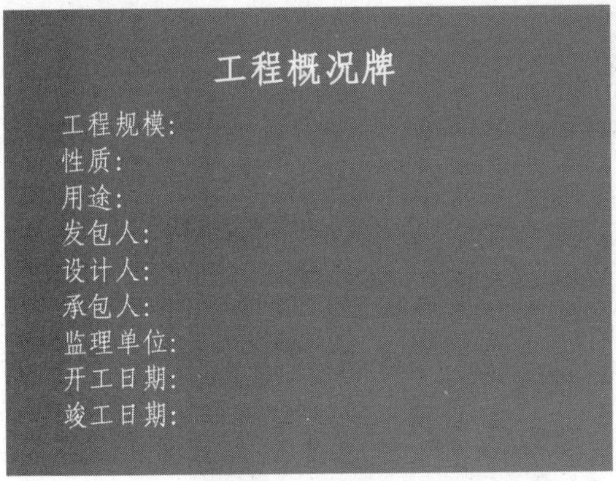

工程概况牌

工程规模：
性质：
用途：
发包人：
设计人：
承包人：
监理单位：
开工日期：
竣工日期：

图 10-3 工程概况牌

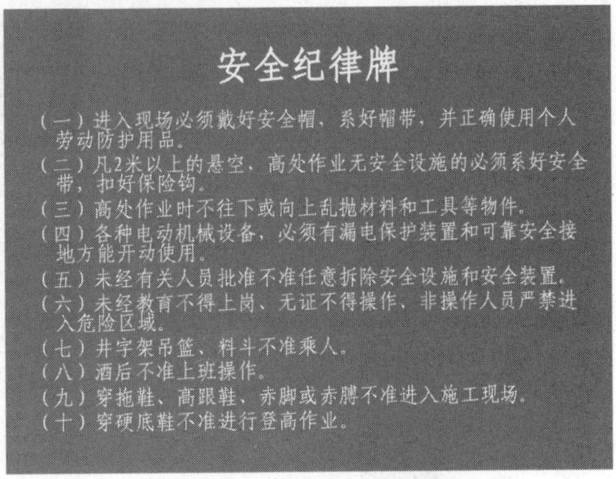

安全纪律牌

（一）进入现场必须戴好安全帽、系好帽带，并正确使用个人劳动防护用品。
（二）凡2米以上的悬空、高处作业无安全设施的必须系好安全带，扣好保险钩。
（三）高处作业时不往下或向上乱抛材料和工具等物件。
（四）各种电动机械设备，必须有漏电保护装置和可靠安全接地方能开动使用。
（五）未经有关人员批准不准任意拆除安全设施和安全装置。
（六）未经教育不得上岗、无证不得操作，非操作人员严禁进入危险区域。
（七）井字架吊篮、料斗不准乘人。
（八）酒后不准上班操作。
（九）穿拖鞋、高跟鞋、赤脚或赤膊不准进入施工现场。
（十）穿硬底鞋不准进行登高作业。

图 10-4 安全纪律牌

③ 防火须知牌（见图 10-5）。

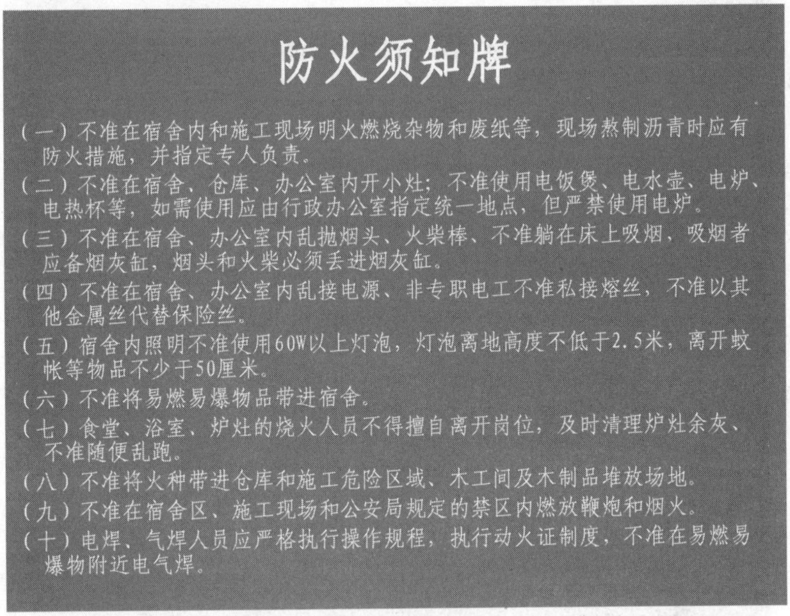

防火须知牌

（一）不准在宿舍内和施工现场明火燃烧杂物和废纸等，现场熬制沥青时应有防火措施，并指定专人负责。
（二）不准在宿舍、仓库、办公室内开小灶；不准使用电饭煲、电水壶、电炉、电热杯等，如需使用应由行政办公室指定统一地点，但严禁使用电炉。
（三）不准在宿舍、办公室内乱抛烟头、火柴棒，不准躺在床上吸烟，吸烟者应备烟灰缸，烟头和火柴必须丢进烟灰缸。
（四）不准在宿舍、办公室内乱接电源、非专职电工不准私接熔丝，不准以其他金属丝代替保险丝。
（五）宿舍内照明不准使用60W以上灯泡，灯泡离地高度不低于2.5米，离开蚊帐等物品不少于50厘米。
（六）不准将易燃易爆物品带进宿舍。
（七）食堂、浴室、炉灶的烧火人员不得擅自离岗位，及时清理炉灶余灰，不准随便乱跑。
（八）不准将火种带进仓库和施工危险区域、木工间及木制品堆放场地。
（九）不准在宿舍区、施工现场和公安局规定的禁区内燃放鞭炮和烟火。
（十）电焊、气焊人员应严格执行操作规程，执行动火证制度，不准在易燃易爆物附近电气焊。

图 10-5 防火须知牌

④ 安全无重大事故计时牌。
⑤ 安全生产、文明施工牌。
⑥ 施工总平面图（见图 10-6）。

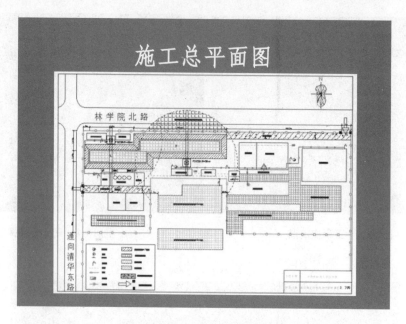

图 10-6　施工总平面图

⑦ 项目经理部组织架构及主要管理人员名单图（见图 10-7）。

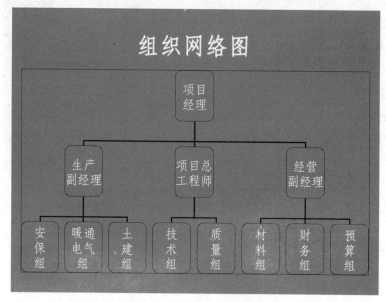

图 10-7　项目经理部组织构架

10.1.4 现场管理的场容管理

场容是指施工现场、特别是主现场的现场面貌。包括入口、围护、场内道路、堆场的整齐清洁，也应包括办公室环境甚至现场人员的行为。

场容管理的基本要求是：

（1）施工现场场容规范化应建立在施工平面图设计的科学合理化和物料器具定位管理标准化的基础上。承包人应根据本企业的管理水平，建立健全施工平面图管理和现场物料器具管理标准，为项目经理部提供场容管理策划的依据。

（2）项目经理部必须结合施工条件，按照施工方案和施工进度计划的要求，认真进行施工平面图的规划、设计、布置、使用和管理。

（3）项目经理部应严格按照已审批的施工总平面图或相关的单位工程施工平面图划定的位置，布置施工项目的主要机械设备、脚手架、密封式安全网和围挡、模具、施工临时道路、供水、供电、供气管道或线路、施工材料制品堆场及仓库、土方及建筑垃圾、变配电间、消火栓、警卫室、现场的办公、生产和生活临时设施等。

（4）施工物料器具除应按施工平面图指定位置就位布置外，尚应根据不同特点和性质，规范布置方式与要求，并执行码放整齐、限宽限高、上架入箱、规格分类、挂牌标识等管理标准。

（5）施工现场应设置畅通的排水沟渠系统，场地不积水、不积泥浆，保持道路干燥坚实。工地地面应做硬化处理。

10.2 建筑工程施工项目现场的环境保护

项目经理部在环境保护方面应该注意以下几个方面：

项目经理部应根据《环境管理系列标准》（GB/T24000—ISO14000）建立项目环境监控体系，不断反馈监控信息，采取整改措施。

施工现场泥浆和污水未经处理不得直接排入城市排水设施和河流、湖泊、池塘。

除有符合规定的装置外，不得在施工现场熔化沥青和焚烧油毡、油漆，亦不得焚烧其他可产生有毒有害烟尘和恶臭气味的废弃物，禁止将有毒有害废弃物作土方回填。

建筑垃圾、渣土应在指定地点堆放，每日进行清理。高空施工的垃圾及废弃物应采用密闭式串筒或其他措施清理搬运。装载建筑材料、垃圾或渣土的车辆，应采取防止尘土飞扬、洒落或流溢的有效措施。施工现场应根据需要设置机动车辆冲洗设施，冲洗后的污水应进行处理。

在居民和单位密集区域进行爆破、打桩等施工作业前，项目经理部应按规定申请批准，还应将作业计划、影响范围、程度及有关措施等情况，向受影响范围的居民和单位通报说明，取得协作和配合；对施工机械的噪声与振动扰民，应采取相应措施予以控制。

经过施工现场的地下管线，应由发包人在施工前通知承包人，标出位置，加以保护。

施工时发现文物、古迹、爆炸物、电缆等，应当停止施工，保护好现场，及时向有关部门报告，按照有关规定处理后方可继续施工。

施工中需要停水、停电、封路而影响环境时，必须经有关部门批准，事先告示。在行人、车辆通行的地方施工，应当设置沟、井、坎、穴覆盖物和标志。

温暖季节宜对施工现场进行绿化布置。

10.3 建筑工程施工项目现场的防火保安

建设工程施工项目现场的防火保安应该注意以下几个方面：

现场应设立门卫，根据需要设置警卫，负责施工现场保卫工作，并采取必要的防盗措施。施工现场的主要管理人员在施工现场应当佩戴证明其身份的证卡，其他现场施工人员宜有标识。有条件时可对进出场人员使用磁卡管理。

承包人必须严格按照《中华人民共和国消防法》的规定，建立和执行防火管理制度。

现场必须有满足消防车出入和行驶的道路，并设置符合要求的防火报警系统和固定式灭火系统，消防设施应保持完好的备用状态。在火灾易发地区施工或储存、使用易燃、易爆器材时，承包人应当采取特殊的消防安全措施。现场严禁吸烟，必要时可设吸烟室。

施工现场的通道、消防出入口、紧急疏散楼道等，均应有明显标志或指示牌。有高度限制的地点应有限高标志。见图10-8。

图10-8　紧急出口指示标志及限高标志

施工中需要进行爆破作业的，必须经政府主管部门审查批准，并提供爆破器材的品名、数量、用途、爆破地点、四邻距离等文件和安全操作规程，向所在地县、市（区）公安局申领《爆破物品使用许可证》，由具备爆破资质的专业队伍按有关规定进行施工。

附件 10-1 【建设部】建设工程施工现场管理规定

第一章 总 则

第一条 为加强建设工程施工现场管理，保障建设工程施工顺利进行，制定本规定。

第二条 本规定所称建设工程施工现场，是指进行工业和民用项目的房屋建筑、土木工程、设备安装、管线敷设等施工活动，经批准占用的施工场地。

第三条 一切与建设工程施工活动有关的单位和个人，必须遵守本规定。

第四条 国务院建设行政主管部门归口负责全国建设工程施工现场的管理工作。

国务院各有关部门负责其直属施工单位施工现场的管理工作。

县级以上地方人民政府建设行政主管部门负责本行政区域内建设工程施工现场的管理工作。

第二章 一般规定

第五条 建设工程开工实行施工许可证制度。建设单位应当按计划批准的开工项目向工程所在地县级以上地方人民政府建设行政主管部门办理施工许可证手续。申请施工许可证应当具备下列条件：

（一）设计图纸供应已落实；

（二）征地拆迁手续已完成；

（三）施工单位已确定；

（四）资金、物资和为施工服务的市政公用设施等已落实；

（五）其他应当具备的条件已落实。

未取得施工许可证的建设单位不得擅自组织开工。

第六条 建设单位经批准取得施工许可证后，应当自批准之日起两个月内组织开工；因故不能按期开工的，建设单位应当在期满前向发证部门说明理由，申请延期。不按期开工又不按期申请延期的，已批准的施工许可证失效。

第七条 建设工程开工前，建设单位或者发包单位应当指定施工现场总代表人，施工单位应当指定项目经理，并分别将总代表人和项目经理的姓名及授权事项书面通知对方，同时报第五条规定的发证部门备案。

在施工过程中，总代表人或者项目经理发生变更的，应当按照前款规定重新通知对方和备案。

第八条 项目经理全面负责施工过程中的现场管理，并根据工程规模、技术复杂程度和施工现场的具体情况，建立施工现场管理责任制，并组织实施。

第九条 建设工程实行总包和分包的，由总包单位负责施工现场的统一管理，监督检查分包单位的施工现场活动。分包单位应当在总包单位的统一管理下，在其分包范围内建立施工现场管理责任制，并组织实施。

总包单位可以受建设单位的委托，负责协调该施工现场内由建设单位直接发包的其他单位的施工现场活动。

第十条 施工单位必须编制建设工程施工组织设计。建设工程实行总包和分包的，由总包单位负责编制施工组织设计或者分阶段施工组织设计。分包单位在总包单位的总体部署下，负责编制分包工程的施工组织设计。

施工组织设计按照施工单位隶属关系及工程的性质、规模、技术繁简程度实行分级审批。具体审批权限由国务院各有关部门和省、自治区、直辖市人民政府建设行政主管部门规定。

第十一条 施工组织设计应当包括下列主要内容：

（一）工程任务情况；

（二）施工总方案、主要施工方法、工程施工进度计划、主要单位工程综合进度计划和施工力量、机具及部署；

（三）施工组织技术措施，包括工程质量、安全防护以及环境污染防护等各种措施；

（四）施工总平面布置图；

（五）总包和分包的分工范围及交叉施工部署等。

第十二条 建设工程施工必须按照批准的施工组织设计进行。在施工过程中确需对施工组织设计进行重大修改的，必须报经批准部门同意。

第十三条 建设工程施工应当在批准的施工场地内组织进行。需要临时征用施工场地或者临时占用道路的，应当依法办理有关批准手续。

第十四条 由于特殊原因，建设工程需要停止施工两个月以上的，建设单位或施工单位应当将停工原因及停工时间向当地人民政府建设行政主管部门报告。

第十五条 建设工程施工中需要进行爆破作业的，必须经上级主管部门审查同意，并持说明使用爆破器材的地点、品名、数量、用途、四邻距离的文件和安全操作规程，向所在地县、市公安局申请《爆破物品使用许可证》，方可使用。进行爆破作业时，必须遵守爆破安全规程。

第十六条 建设工程施工中需要架设临时电网、移动电缆等，施工单位应当向有关主管部门提出申请，经批准后在有关专业技术人员指导下进行。

施工中需要停水、停电、封路而影响到施工现场周围地区的单位和居民时，必须经有关主管部门批准，并事先通告受影响的单位和居民。

第十七条 施工单位进行地下工程或者基础工程施工时，发现文物、古化石、爆炸物、电缆等应当暂停施工，保护好现场，并及时向有关部门报告，在按照有关规定处理后，方可继续施工。

第十八条 建设工程竣工后，建设单位应当组织设计、施工单位共同编制工程竣工图，进行工程质量评议，整理各种技术资料，及时完成工程初验，并向有关主管部门提交竣工验收报告。

单项工程竣工验收合格的，施工单位可以将该单项工程移交建设单位管理。全部工程验收合格后，施工单位方可解除施工现场的全部管理责任。

第三章 文明施工管理

第十九条 施工单位应当贯彻文明施工的要求，推行现代管理方法，科学组织施工，做好施工现场的各项管理工作。

第二十条 施工单位应当按照施工总平面布置图设置各项临时设施。堆放大宗材料、成品、半成品和机具设备，不得侵占场内道路及安全防护等设施。

建设工程实行总包和分包的，分包单位确需进行改变施工总平面布置图活动的，应当先向总包单位提出申请，经总包单位同意后方可实施。

第二十一条 施工现场必须设置明显的标牌，标明工程项目名称、建设单位、设计单位、施工单位、项目经理和施工现场总代表人的姓名、开、竣工日期、施工许可证批准文号等。施工单位负责施工现场标牌的保护工作。

施工现场的主要管理人员在施工现场应当佩戴证明其身份的证卡。

第二十二条 施工现场的用电线路、用电设施的安装和使用必须符合安装规范和安全操作规程，并按照施工组织设计进行架设，严禁任意拉线接电。施工现场必须设有保证施工安全要求的夜间照明；危险潮湿场所的照明以及手持照明灯具，必须采用符合安全要求的电压。

第二十三条 施工机械应当按照施工总平面布置图规定的位置和线路设置，不得任意侵占场内道路。施工机械进场的须经过安全检查，经检查合格的方能使用。施工机械操作人员必须建立机组责任制，并依照有关规定持证上岗，禁止无证人员操作。

第二十四条 施工单位应该保证施工现场道路畅通，排水系统处于良好的使用状态；保持场容场貌的整洁，随时清理建筑垃圾。在车辆、行人通行的地方施工，应当设置沟井坎穴覆盖物和施工标志。

第二十五条 施工单位必须执行国家有关安全生产和劳动保护的法规，建立安全生产责任制，加强规范化管理，进行安全交底、安全教育和安全宣传，严格执行安全技术方案。施工现场的各种安全设施和劳动保护器具，必须定期进行检查和维护，及时消除隐患，保证其安全有效。

第二十六条 施工现场应当设置各类必要的职工生活设施，并符合卫生、通风、照明等要求。职工的膳食、饮水供应等应当符合卫生要求。

第二十七条 建设单位或者施工单位应当做好施工现场安全保卫工作，采取必要的防盗措施，在现场周边设立围护设施。施工现场在市区的，周围应当设置遮挡围栏，临街的脚手架也应当设置相应的围护设施。非施工人员不得擅自进入施工现场。

第二十八条 非建设行政主管部门对建设工程施工现场实施监督检查时，应当通过或者会同当地人民政府建设行政主管部门进行。

第二十九条 施工单位应当严格依照《中华人民共和国消防条例》的规定，在施工现场建立和执行防火管理制度，设置符合消防要求的消防设施，并保持完好的备用状态。在容易发生火灾的地区施工或者储存、使用易燃易爆器材时，施工单位应当采取特殊的消防安全措施。

第三十条 施工现场发生的工程建设重大事故的处理，依照《工程建设重大事故报告和调查程序规定》执行。

第四章　环境管理

第三十一条 施工单位应当遵守国家有关环境保护的法律规定，采取措施控制施工现场的各种粉尘、废气、废水、固体废弃物以及噪声、振动对环境的污染和危害。

第三十二条 施工单位应当采取下列防止环境污染的措施：

（一）妥善处理泥浆水，未经处理不得直接排入城市排水设施和河流；

（二）除设有符合规定的装置外，不得在施工现场熔融沥青或者焚烧油毡、油漆以及其他会产生有毒有害烟尘和恶臭气体的物质；

（三）使用密封式的圈筒或者采取其他措施处理高空废弃物；

（四）采取有效措施控制施工过程中的扬尘；

（五）禁止将有毒有害废弃物用作土方回填；

（六）对产生噪声、振动的施工机械，应采取有效控制措施，减轻噪声扰民。

第三十三条 建设工程施工由于受技术、经济条件限制，对环境的污染不能控制在规定范围内的，建设单位应当会同施工单位事先报请当地人民政府建设行政主管部门和环境行政主管部门批准。

第五章 罚 则

第三十四条 违反本规定，有下列行为之一的，由县级以上地方人民政府建设行政主管部门根据情节轻重，给予警告、通报批评、责令限期改正、责令停止施工整顿、吊销施工许可证，并可处以罚款：

（一）未取得施工许可证而擅自开工的；

（二）施工现场的安全设施不符合规定或者管理不善的；

（三）施工现场的生活设施不符合卫生要求的；

（四）施工现场管理混乱，不符合保卫、场容等管理要求的；

（五）其他违反本规定的行为。

第三十五条 违反本规定，构成治安管理处罚的，由公安机关依照《中华人民共和国治安管理处罚条例》处罚；构成犯罪的，由司法机关依法追究其刑事责任。

第三十六条 当事人对行政处罚决定不服的，可以在接到处罚通知之日起十五日内，向作出处罚决定机关的上一级机关申请复议，对复议决定不服的，可以在接到复议决定之日起向人民法院起诉；也可以直接向人民法院起诉。逾期不申请复议，也不向人民法院起诉，又不履行处罚决定的，由作出处罚决定的机关申请人民法院强制执行。

对治安管理处罚不服的，依照《中华人民共和国治安管理处罚条例》的规定处理。

第六章 附 则

第三十七条 国务院各有关部门和省、自治区、直辖市人民政府建设行政主管部门可以根据本规定制定实施细则。

第三十八条 本规定由国务院建设行政主管部门负责解释。

第三十九条 本规定自一九九二年一月一日起施行。原国家建工总局一九八一年五月十一日发布的《关于施工管理的若干规定》与本规定相抵触的，按照本规定执行。

10.4 思考题

1. 施工现场管理的一般规定有哪些?
2. 如何做好施工现场防火管理?

第 11 章 建筑工程施工项目信息管理

11.1 建筑工程施工项目信息管理概述

11.1.1 信息管理基本概念

据统计建设工程项目 10%～33% 的费用增加与信息交流存在的问题有关。在大型建设工程项目中，信息交流的问题导致工程变更和工程实施的错误约占工程总成本的 3%～5%。由此可见信息管理的重要性。虽然我国的项目管理经历了 20 年的发展取得了一定的成效，但是至今多数业主方和施工方的信息管理还相当落后，其落后表现在对信息管理的理解以及信息管理的组织、方法和手段基本上还停留在传统的方法和模式上。我国在项目管理中最薄弱的工作环节是信息管理。

信息指的是用口头的方式、书面的方式或电子的方式传输（传达、传递）的知识、新闻，或可靠的或不可靠的情报。在管理科学领域中，通常被认为是一种已被加工或处理成特定形式的数据。

信息管理是指对信息的收集、加工、整理、存储、传递与应用等一系列工作的总称。信息管理的目的就是通过有组织的信息流通，使决策者能及时、准确地获得相应的信息。

信息管理目的是为预测未来和正确决策提供科学依据，提高管理水平，实现施工项目管理信息化，利用计算机及网络技术实现项目管理。

11.1.2 施工项目信息流程的组成

施工项目信息管理贯穿于项目管理的全部过程。项目经理部必须明确项目信息流程，使信息安全、有序、有效地相互交流，为施工管理服务。

项目经理部的信息流包括机构与外部的信息流和机构内部的信息流。外部的信息流包括和业主、监理机构、分包单位、设计单位、物资供应单位等之间的信息流。内部的信息流包括自上而下的信息流、自下而上的信息流及各职能部门之间横向的信息流。这三种信息流均应畅通无阻，保证项目管理工作的顺利实现。

项目监理机构内部的信息流程图见图 11-1。

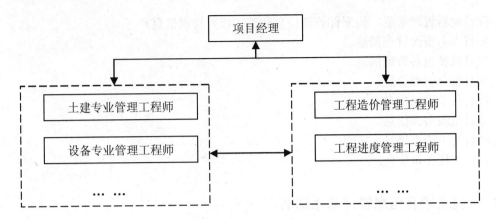

图 11-1 项目经理部内部信息流程结构图

11.1.3 施工项目经理部应该收集的信息

（1）项目经理部应收集并整理下列公共信息。

法律、法规与部门规章信息。

市场信息。

自然条件信息。

（2）项目经理部应收集并整理下列工程概况信息。

工程实体概况。

场地与环境概况。

参与建设的各单位概况。

施工合同。

工程造价计算书。

（3）项目经理部应收集并整理下列施工信息。

施工记录信息。

施工技术资料信息。

（4）项目经理部应收集并整理下列项目管理信息。

项目管理规划大纲信息和项目管理实施规划信息。

项目进度控制信息。

项目质量控制信息。

项目安全控制信息。

项目成本控制信息。

项目现场管理信息。

项目合同管理信息。

项目材料管理信息、构配件管理信息和工、器具管理信息。
项目人力资源管理信息。
项目机械设备管理信息。
项目资金管理信息。
项目技术管理信息。
项目组织协调信息。
项目竣工验收信息。
项目考核评价信息。

11.1.4 施工项目信息管理基本环节

施工项目信息管理基本环节包括信息的收集、处理、传输、存储、检索、使用与维护。

（1）信息的收集。

项目经理部信息的收集首先要建立信息管理组织结构，明确信息收集的部门、收集者、收集地点、时间、方法、形式等具体内容。然后分别在招投标阶段、施工准备阶段、施工阶段及竣工验收阶段收集所需的信息。

如竣工验收阶段应该收集的竣工资料信息包括：施工技术资料、工程质量保证资料、工程检验评定资料、工程竣工图、其他规定应交的资料。具体见表11-1。

表 11-1 项目经理部竣工验收资料

序号	资料名称	具体内容
1	施工技术资料	土建工程施工技术资料： ① 施工技术准备文件； ② 施工现场准备文件； ③ 地基处理记录； ④ 工程图纸变更记录； ⑤ 施工记录； ⑥ 工程质量事故处理记录。
2	工程质量保证资料	土建工程质量保证资料： ① 施工原材料质量证明文件； ② 预制构件出场合格证明； ③ 原材料复试实验报告； ④ 施工实验记录； ⑤ 隐蔽工程检查记录。
3	工程检验评定资料	① 单位（子单位）工程质量竣工验收记录； ② 分部（子分部）工程质量验收记录； ③ 分项工程质量验收记录； ④ 检验批质量验收记录； ⑤ 幕墙工程验收记录。

（续表）

序号	资料名称	具体内容
4	工程竣工图	
5	规定其他应交的资料	① 建设工程施工合同； ② 施工图预算、竣工决算； ③ 项目经理部及负责人名单； ④ 工程竣工验收记录； ⑤ 工程质量保修书。

（2）信息的处理。

对收集到的信息必须进行适当的加工处理，才能成为有用的信息。信息的处理主要是按照不同的要求，不同的使用角度对得到的数据和信息进行选择、核对、排序、计算、汇总，生成不同形式的数据和信息。项目经理部信息管理机构可以将信息按照单位、分部、分项工程组织在一起，每个单位、分部、分项工程又可把数据分为进度、质量、成本、合同等几个方面。

（3）信息的传输。

按照信息管理机构事先约定的信息传递流程，及时将加工好的信息传递到使用者手中。传输过程可以通过电话、传真、网络进行，尽量采取书面形式进行传递，并做好信息的备份工作。重要的信息要做好传输过程中的保密工作。

（4）信息的存储。

信息存储要科学合理，防止丢失并便于调用。信息的存储包括物理存储和逻辑组织两个方面。物理存储是指把信息存储到适当的介质上，如纸张、录音带、光盘等；逻辑存储是指按照信息内在联系组织和使用数据，把大量的信息组成合理的结构。可以通过组织结构分解，将信息统一进行编码，方便存储和交流。

例如施工文件应该保存的文件资料及保管的年限见表 11-2。

表 11-2 项目经理部竣工验收资料

序号	施工文件	保存单位和保管年限	
		建设单位	施工单位
1	施工技术准备文件		
①	施工组织设计	长期	
②	技术交底	长期	长期
③	图纸会审记录	长期	长期
④	施工预算的编制和审查	短期	短期
⑤	施工日志	短期	短期

（续表）

序号	施工文件	保存单位和保管年限	
		建设单位	施工单位
2	施工现场准备		
①	控制网设置资料	长期	长期
②	工程定位测量资料	长期	长期
③	基槽开挖线测量资料	长期	长期
④	施工安全措施	短期	短期
⑤	施工环保措施	短期	短期
3	地基处理记录		
①	地基钎探记录和钎探平面布置点图	永久	长期
②	验槽记录和地基处理记录	永久	长期
③	桩基施工记录	永久	长期
④	试桩记录	长期	长期
4	工程图纸变更记录		
①	设计会议会审记录	永久	长期
②	设计变更记录	永久	长期
③	工程洽商记录	永久	长期
5	隐蔽工程检查记录		
①	基础和主体结构钢筋工程	长期	长期
②	钢结构工程	长期	长期
③	防水工程	长期	长期
④	高程控制	长期	长期
6	施工记录		
①	工程定位测量检查记录	永久	长期
②	工程竣工测量	长期	长期
③	新型建筑材料	长期	长期
④	施工新技术	长期	长期
7	工程质量事故处理记录	永久	
8	工程质量检验记录		
①	检验批质量验收记录	长期	长期
②	分项工程质量验收记录	长期	长期
③	基础、主体工程验收记录	永久	长期
④	幕墙、主体工程验收记录	永久	长期
⑤	分部（子分部）工程质量验收记录	永久	长期

(5) 信息的检索。

信息的检索应有利于用户方便快捷地找到所需的信息。在检索中主要考虑：允许检索的范围、检索的密级划分、密码的管理；检索信息能否及时、迅速地提供；检索的信息能否根据关键字实现智能检索。

(6) 信息的使用和维护。

合理的使用信息有助于项目管理目标的实现。使用过程中要注意信息的维护，使信息处于准确、及时、安全和保密的合理状态。

11.2 建筑工程施工项目信息化管理系统

11.2.1 施工项目信息化管理系统构成

项目管理信息化系统（PMIS）是一个由人、电子计算机等组成的能处理工程项目信息的集成化系统。它通过收集、存储及分析项目实施过程中的有关数据，辅助项目管理人员和决策者进行规划、决策和检查，其核心是辅助项目管理人员进行目标控制。

项目管理信息化系统一般包括造价管理、进度管理、质量管理、合同管理、文档管理五个子系统，如图11-2所示。

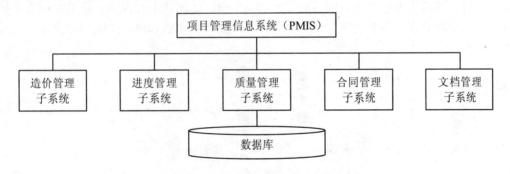

图 11-2 项目信息管理系统的基本构成

11.2.2 项目管理信息系统的应用模式

工程项目管理软件是指以项目的施工环节为核心，以时间进度控制为出发点，利用网络计划技术，对施工过程中的进度、费用、资源等进行综合管理的一类应用软件。建设部正在领导制定《建设企业管理信息系统软件通用标准》和《建设信息平台数据通用标准》等通用标准，以规范建设领域的信息市场行为。

目前我国项目管理信息系统的应用模式主要有三种：

（1）根据所承担项目的情况自行开发专有系统。

（2）购买比较成熟的商品化软件。国内如北京梦龙公司的智能管理系统 Pert、大连同洲公司的项目计划管理系统 TZ-Project；国外软件有 MS-Project、P3 等。

（3）购买商品软件和开发相结合。

11.2.3 建筑工程施工项目信息处理的方法

当今时代，数据处理已逐步向电子化和数字化的方向发展，施工项目信息管理依然沿用传统的方法和模式，明显滞后于其他行业。信息处理应该向基于网络的信息处理方向发展。

互联网是目前最大的全球性的网络，它连接了覆盖一百多个国家的各种网络，如商业性的网络（.com 或.co）、大学网络（.ac 或.edu）、研究网络（.org 或.net）和军事网络（.mil）等，并通过网络连接数以千万台的计算机，以实现连接互联网计算机之间的数据通信。互联网由若干个学会、委员会和集团负责维护和运行管理。

建设工程项目的业主方和项目参与各方往往分散在不同的地点，或不同的城市，或不同的国家，因此其信息处理应考虑充分利用远程数据通信的方式，如：

（1）通过电子邮件收集信息和发布信息。

（2）通过基于互联网的项目专用网站（Project Specific Web Site，PSWS）是基于互联网的项目信息门户的一种方式，是为某一个项目的信息处理专门建立的网站。也可以服务于多个项目，即成为为众多项目服务的公用信息平台。实现业主方内部、业主方和项目参与各方，以及项目参与各方之间的信息交流、协同工作和文档管理，如图 11-3 所示。

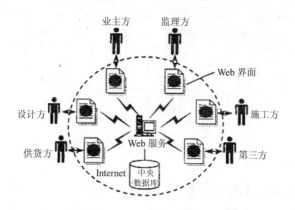

图 11-3　基于互联网的信息处理平台

（3）通过基于互联网的项目信息门户（Project Information Portal，PIP）的为众多项目服务的公用信息平台实现业主方内部、业主方和项目参与各方，以及项目参与各方之间的信息交流、协同工作和文档管理。传统的信息交流方式和 PIP 方式的比较见图 11-4 所示。

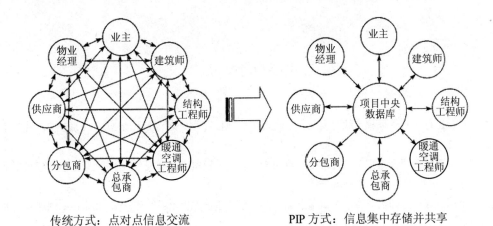

图 11-4　传统的信息交流方式和 PIP 方式的比较

（4）召开网络会议。
（5）基于互联网的远程教育与培训等。

11.3　思考题

1. 项目经理部施工阶段应该收集哪些信息？
2. 项目信息管理包括哪些基本环节？

主要参考文献

[1] 建设工程项目管理规范编写委员会. 建设工程项目管理规范实施手册[M]. 北京：中国建筑工业出版社，2002.

[2] 中国建筑业协会工程项目管理专业委员会. 建设工程项目管理规范[M]. 北京：中国建筑工业出版社，2001.

[3] 全国一级建造师执业资格考试用书编写委员会. 建设工程项目管理[M]. 北京：中国建筑工业出版社，2004.

[4] 全国一级建造师执业资格考试用书编写委员会. 房屋建筑工程管理与实务[M]. 北京：中国建筑工业出版社，2004.

[5] 王要武. 工程项目管理百问[M]. 北京：中国建筑工业出版社，2001.

[6] 建筑工程施工项目管理丛书编审委员会. 工程施工项目管理总论[M]. 北京：中国建筑工业出版社，2002.

[7] 泛华建设集团. 建筑工程施工项目管理服务指南[M]. 北京：中国建筑工业出版社，2005.

[8] 项建国. 建筑工程项目管理[M]. 北京：中国建筑工业出版社，2005.